PRAXIS DER MIKROPHOTOGRAPHIE

VON

HANS-HENNING HEUNERT

ZWEITE AUFLAGE

MIT 80 ABBILDUNGEN
IN 120 EINZELDARSTELLUNGEN

SPRINGER-VERLAG
BERLIN · GÖTTINGEN · HEIDELBERG
1959

ISBN-13: 978-3-642-49110-8   e-ISBN-13: 978-3-642-87913-5
DOI: 10.1007/978-3-642-87913-5

Geleitwort

Als Bilddokument nimmt die Mikrophotographie in der Naturwissenschaft eine hervorragende Stellung ein. Die heutigen mikroskopischen Instrumente erlauben mit Hilfe einfacher Zusatzapparaturen nahezu alles, was man sieht, auch photographisch festzuhalten. Doch werden die vielfältigen Möglichkeiten eines guten Mikroskopes oft nur zum geringen Teil ausgenutzt. Daß die „Praxis der Mikrophotographie" hier eine oft empfundene Lücke schließt, zeigt die Notwendigkeit einer 2. Auflage. H.-H. Heunert kennt den Umgang mit sehr verschiedenen Objekten und mikroskopischen Methoden aus vielfältiger Erfahrung und als Leiter zahlreicher mikrophotographischer Kurse auch die Nöte des weniger Erfahrenen. Er hat das ganze Buch noch einmal durchgearbeitet und neue Kapitel, z. B. über Fluoreszenzmikroskopie und Farbphotographie eingefügt. Die rasche Orientierung im Laboratorium wird durch Tabellen über Fehlerquellen und Farbfilterwirkung sowie durch ein alphabetisches Sachregister erleichtert. Man darf auch der 2. verbesserten Auflage gute Aufnahme wünschen; denn sie dient der Vermeidung von Mißerfolgen und der Verbesserung der Bildqualität.

Prof. Dr. med. et phil. Ernst Horstmann

Vorwort zur zweiten Auflage

Die Mikroskopie sowie die Mikrophotographie sind heute wesentliche Bestandteile der wissenschaftlichen Arbeit. Von der optischen Industrie werden laufend neue Mikroskope entwickelt, die vielseitig verwendbar und immer bequemer zu handhaben sind. So ist es heute durchaus möglich, auch ohne umfangreiche Kenntnisse in der theoretischen Optik gute mikrophotographische Ergebnisse zu erzielen. Wichtig ist lediglich die Kenntnis um das Beleuchtungsprinzip und um die Arbeitsmöglichkeiten, die die einzelnen mikroskopischen Untersuchungsverfahren zulassen.

Diese Einführung in die Mikrophotographie, die vorwiegend die praktische Arbeit in den Vordergrund stellt, soll dazu beitragen, auch den weniger Geschulten zu guten mikrophotographischen Ergebnissen zu verhelfen. Ein reichhaltiger Bildteil soll die Vielseitigkeit der Mikrophotographie demonstrieren und durch Vergleichsdarstellungen auf grundlegende Fehler aufmerksam machen. Gegenüber der ersten Auflage wurden einige Kapitel erweitert sowie neue Kapitel über speziellere Untersuchungsverfahren hinzugefügt.

Göttingen, im Dezember 1958   H. H. HEUNERT

Inhaltsverzeichnis

I. Die mikrophotographische Apparatur

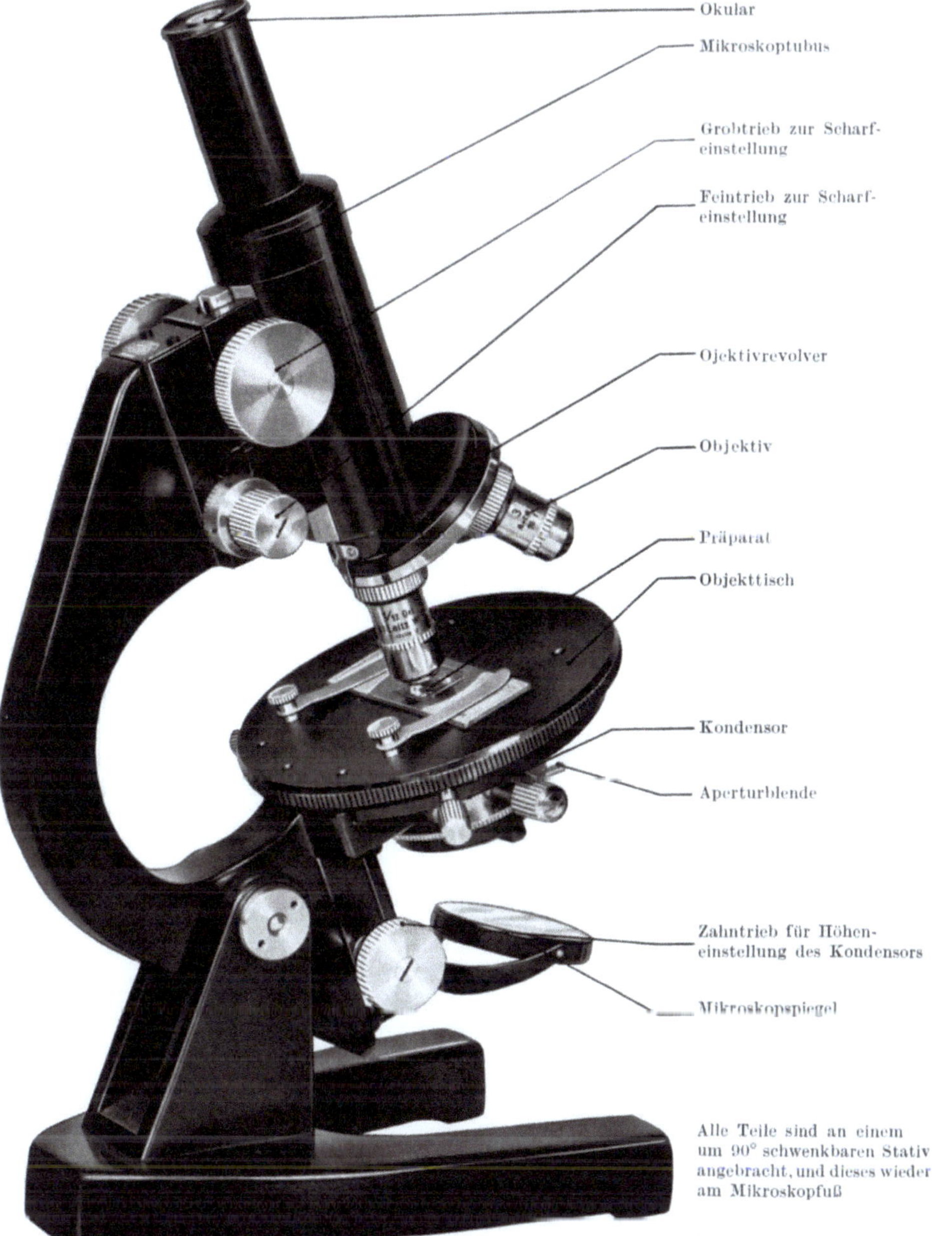

Abb. 1. Aufbau des Mikroskops

1. Die Mikroskoptypen
und ihre Anwendungsmöglichkeiten in der Mikrophotographie

Zu Beginn dieser praktischen Arbeitsanweisung soll der Leser zunächst mit dem „Handwerkszeug" des Mikroskopikers bekanntgemacht werden. Selbstverständlich können nicht alle auf dem Markt befindlichen Mikroskope aufgeführt und beschrieben werden. Will man etwas über die Einzelheiten der Instrumente erfahren, bediene man sich der reichhaltigen Prospekte der optischen Industrie. An dieser Stelle interessieren nur die grundlegenden Typen der Mikroskope unter besonderer Berücksichtigung ihrer Eignung für die verschiedenen Aufgaben der Mikrophotographie.

So kann man die Vielzahl der vorhandenen Mikroskoptypen je nach ihren Anwendungsmöglichkeiten in vier Gruppen ordnen:

Labormikroskope,
Forschungsmikroskope,
Kameramikroskope,
Mikroskope für Sonderzwecke.

Tab. 1 gibt eine Übersicht über die gebräuchlichsten Mikroskoptypen in den einzelnen Gruppen der drei großen optischen Werke Leitz — Zeiss — Reichert.

a) Labormikroskope

Für gelegentliche und einfache Untersuchungen im durchfallenden Licht (histologische Präparate, Blut- oder Bakterienausstriche u. dgl.) reichen die Labormikroskope aus. Sie lassen sich in Verbindung mit geeigneten Lichtquellen und Aufsatzkameras für die Mikrophotographie leicht ausbauen. Empfehlenswert ist es, Mikroskop, Lichtquelle und eventuell erforderliche Filterhalter auf ein Grundbrett zu montieren, um dem Ganzen eine größere Festigkeit zu verleihen und ein Verschieben des Mikroskops oder der Lampe und damit ein Dezentrieren des

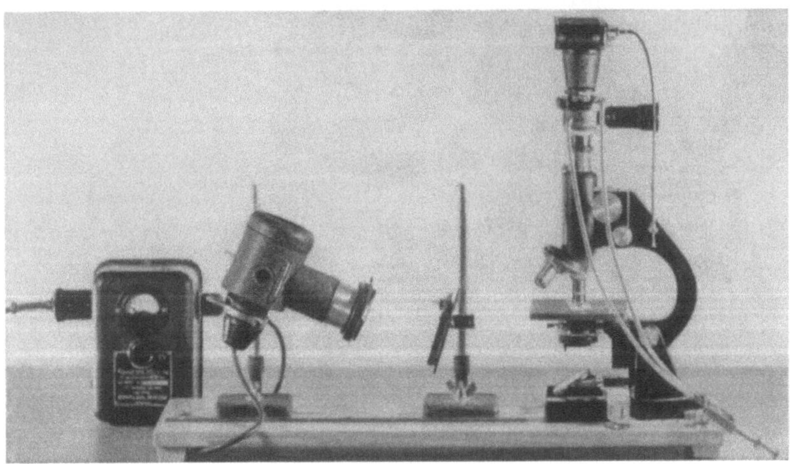

Abb. 2. Auch mit einem einfachen Labormikroskop lassen sich gute Mikroaufnahmen herstellen. Durch die Montage der gesamten Einrichtung auf ein Grundbrett wird eine größere Standfestigkeit erzielt

Strahlenganges während der Arbeit zu vermeiden. Verschiedene Labormikroskope neuerer Bauart sind bereits mit eingebauten Leuchten versehen, wodurch die Zentrierung der Einrichtungen bedeutend erleichtert wird.

Tabelle 1

Gruppe	Ernst Leitz, Wetzlar	Carl Zeiss, Oberkochen	C. Reichert, Wien
Labor-Mikroskope	Mikroskop SM Laborlux Stative H, G und B (älterer Bauart)	Standard Junior Stativ B (älterer Bauart)	Mikroskop CSM (älterer Bauart) Mikroskop RC (älterer Bauart)
Forschungs- Mikroskope	Dialux Ortholux	Standard Standard WL	Biozet Neozet Zetopan
Kamera-Mikroskope	Panphot	Photomikroskop Ultraphot II	Universal Kamera- mikroskop MeF
Mikroskope für Sonderzwecke a) Metallmikroskope	Metallmikroskop B Me/MF Metallux Metallpanphot	Standard-Metall- Mikroskop Neophot	Metallmikroskop Metatest Metallmikroskop Melabor Zetopan Universal-Kamera- mikroskop MeF
b) Polarisations- mikroskope	Pol.-Mikroskop SM-Pol Pol.-Mikroskop AMOP Pol.-Mikroskop MoP Ortholux-Biopol Pol.-Panphot	Standard-Pol.- Mikroskop Utraphot II	—
c) Fluoreszenz- Mikroskope	Fluoreszenz- Mikroskop BX Fluoreszenz- Mikroskop Ortholux	Standard-Fluores- zenz-Mikroskop	Fluoreszenz- einrichtung Lux UV zum Mikroskop RC Fluoreszenz- einrichtung Fluorex zum Mikroskop RC

b) Forschungsmikroskope

Langwierige Serienuntersuchungen und vielseitige Forschungsarbeiten erfordern einen bequemeren und besonders reichhaltig verwendbaren Mikroskoptyp, das Forschungsmikroskop. Neben einfachen und schnell zu handhabenden Bedienungsvorrichtungen sollte es möglichst mit einer eingebauten, ausreichend starken

Lichtquelle versehen sein und sich mit Hilfe eines vielseitigen Zubehörs für alle Untersuchungsarten im Durch- und Auflicht ausbauen lassen. In Verbindung mit geeigneten photographischen Zusatzgeräten (Aufsatz- oder Stativkameras) sind dies die idealen Mikroskope für die Mikrophotographie.

c) Kameramikroskope

In diese Gruppe fallen alle Mikroskope mit fest ein- oder angebauten Kameras. Es sind größtenteils Universalgeräte, die alle mikroskopischen Untersuchungen im durch- und auffallenden Licht zulassen. Eingebaute Wechselbeleuchtungen mit Niedervolt-, Hg-, Xenon- oder Bogenlampen gewährleisten ausreichendes Licht auch bei Anwendung höchster Vergrößerungen. Als Aufnahmegeräte sind meist wechselweise großformatige (Platten) und kleinformatige (Kleinbildfilm) Kameras vorgesehen. Derartige Universalmikroskope sind vorwiegend für solche Institute geeignet, die vielseitige mikroskopische Arbeitsgebiete mit möglichst wenigen Geräten bewältigen wollen. Für vorwiegend experimentelle Arbeiten empfiehlt es sich dagegen, ausbaufähige Forschungsmikroskope zu wählen.

In der Reihe der Kameramikroskope wären die neuen Geräte dieser Art von Zeiss zu erwähnen (Photomikroskop und Ultraphot II), die sich ganz hervorragend für Serienuntersuchungen mit Photoregistrierung bewähren. Der Druck auf eine Taste bewirkt die automatische Steuerung der Belichtungszeit, die Auslösung des Kameraverschlusses und den Weitertransport des Films. Die Scharfstellung erfolgt durch den binocualren Beobachtungstubus, so daß die Aufnahmen überhaupt keine Sonderhandhabungen erfordern und während einer Serienuntersuchung ohne jede Unterbrechung der wissenschaftlichen Arbeit gemacht werden können.

d) Mikroskope für Sonderzwecke

Im Rahmen dieser Einführung in die Mikrophotographie würde es zu weit führen, alle Typen der Spezialmikroskope gesondert aufzuführen. Darum sei an dieser Stelle nur erwähnt, daß es für die verschiedensten mikroskopischen Untersuchungsarten spezielle Instrumente gibt, die ganz besondere Beleuchtungsarten, Messungen und dergleichen zulassen. Unter diese Sonderinstrumente fallen die Metallmikroskope, Polarisationsmikroskope, Fluoreszenzmikroskope u. a. m. Da diese Geräte für ganz spezielle Arbeitsmethoden konstruiert sind, lassen sie keine oder nur wenige anderen Untersuchungsmethoden zu. Ihre Arbeitsweise beruht jedoch immer wieder auf den Grundlagen der allgemeinen Mikroskopie, so daß ein Einarbeiten in die Sondergebiete bei Beherrschung der mikroskopischen Grundkenntnisse nicht allzu schwierig ist.

2. Die notwendigsten optischen Grundbegriffe

Zum Verständnis des abbildenden optischen Systems ist es nicht zu umgehen, sich mit einigen optischen Grundbegriffen vertraut zu machen. Um den Anfänger in der mikroskopischen Technik nicht mit allzuviel Theorie zu belasten, sind hier nur die notwendigsten Grundbegriffe in leicht verständlicher Form zusammengefaßt, wobei das Hauptgewicht auf die Beurteilung von Bildfehlern gelegt wird. Wer sich eingehender mit den theoretisch-physikalischen Gesetzen befassen will, möge zu speziellen, hierfür geeigneten Werken, greifen.

Abb. 3a—c
Verschiedene Typen der Forschungsmikroskope.

a) Standard WL der Firma Zeiss

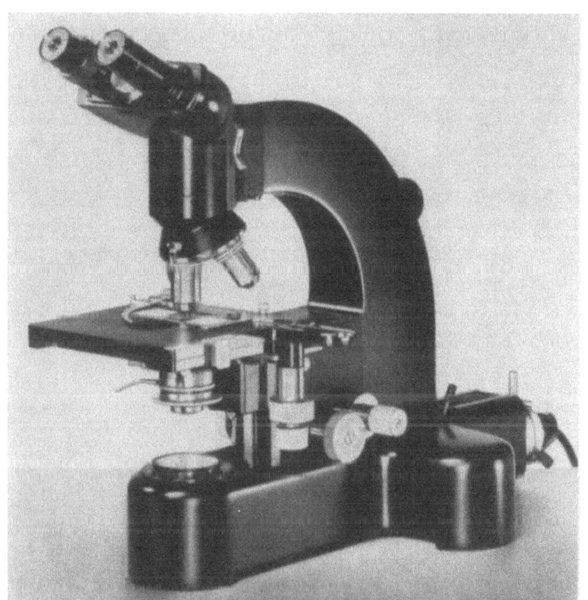

b) Ortholux der Firma Leitz

Abb. 3c. Zetopan der Firma Reichert

Abb. 4a—c
Verschiedene Typen der
Kameramikroskope.

a) Panphot der Firma Leitz

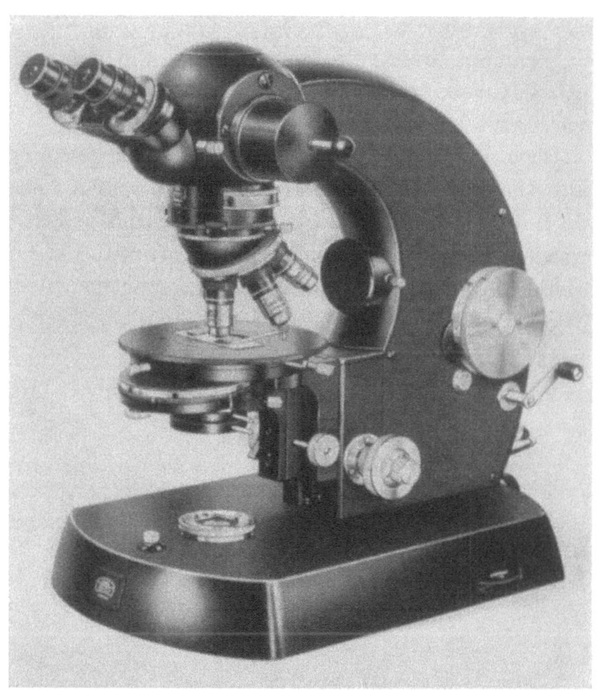

Abb. 4b
Photomikroskop der Firma Zeiss

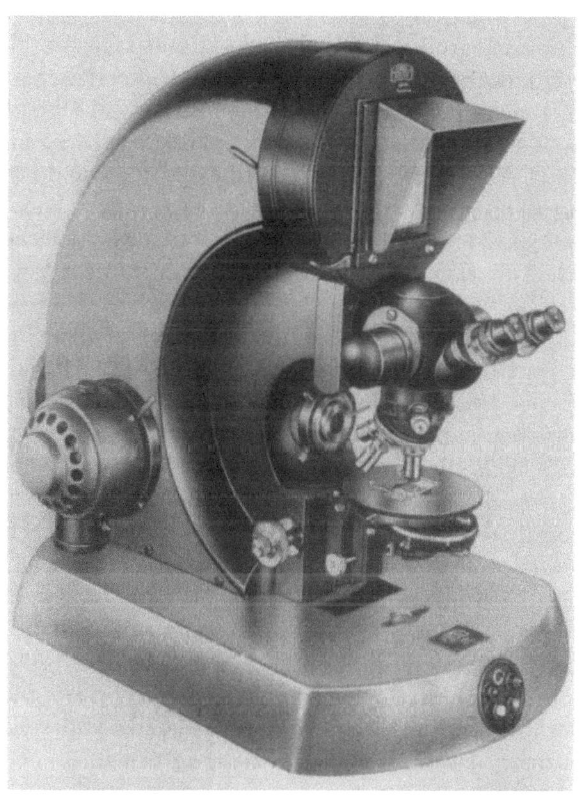

Abb. 4c
Ultraphot II der Firma Zeiss

a) Sphärische Bildfehler

Wenn der Brennpunkt der Strahlen, die nahe dem Mittelpunkt durch eine Linse gehen, ein anderer ist als der der Randstrahlen, so liegt eine sphärische Abweichung vor.

Diese Fehler treten besonders bei stark gewölbten Linsen mit großer Öffnung auf. Die modernen Objektive sind auf die sphärische Abweichung völlig korrigiert, doch kann die Korrektur durch fehlerhafte Einstellungen unwirksam gemacht werden. Die Güte der sphärischen Korrektur der Objektive ist von zwei Faktoren abhängig: der Einhaltung der vorgeschriebenen Tubuslänge und der Deckglasdicke.

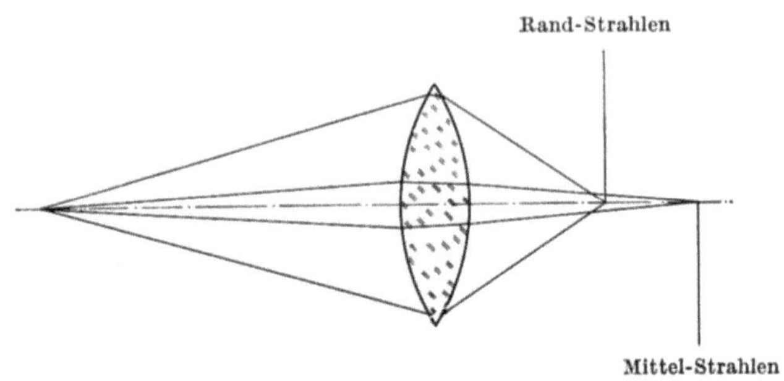

Abb. 5. Die Lichtstrahlen, die nahe dem Rand durch eine Linse gehen, werden stärker abgebeugt als die Mittelstrahlen (sphärische Abweichung). Die modernen Mikroobjektive sind auf diese Fehler korrigiert

Die optischen Werke haben, zum großen Leidwesen des Praktikers, für ihre Mikroskope unterschiedliche Tubuslängen, auf die ihre Objektive korrigiert sind (Leitz 170 mm, Zeiss 160 mm, Reichert 160 mm). Ist der Tubus für ein Objektiv zu lang (Überkorrektion), erhält man verschleierte Bilder, ist er dagegen zu kurz (Unterkorrektion), leidet bedingt die Schärfe des Bildes. Aus diesem Grund ist es empfehlenswert, nur zum Mikroskop gehörende Objektive zu verwenden. Läßt es sich jedoch nicht umgehen, Objektive verschiedener Mikroskope auszutauschen, beachte man die einzuhaltende Tubuslänge und verwende notfalls einen ausziehbaren Mikroskoptubus.

Die Bildfehler, die durch die Dicke des Deckglases hervorgerufen werden (Bildunschärfen), machen sich nur bei Objektiven mit einer numerischen Apertur über 0,3 bemerkbar, ganz besonders bei den hohen Trockensystemen. Die hochwertigen Trocken-Objektive (Apochromate) haben deshalb Korrektionsfassungen, die jeweils auf eine bestimmte Deckglasdicke eingestellt werden können. Selbstverständlich ist der Korrekturbereich begrenzt, so daß man möglichst eine durchschnittliche Deckglasdicke von 0,16—0,17 mm, auf die die Objektive berechnet sind, einhalten sollte. Da derartige Fehler in der Photographie sich besonders unangenehm bemerkbar machen, sollte man die Deckgläser für zu photographierende Präparate sehr sorgfältig mit einem Schraubenmikrometer ausmessen.

Auch die Lage des Objektes im Präparat kann auf die sphärische Korrektion von Einfluß sein. Man solle möglichst bestrebt sein, das Präparat so herzustellen, daß das Objekt direkt an der Unterfläche des Deckglases liegt, da andernfalls zusätzliche Brechungseffekte durch das Einbettungsmedium auftreten.

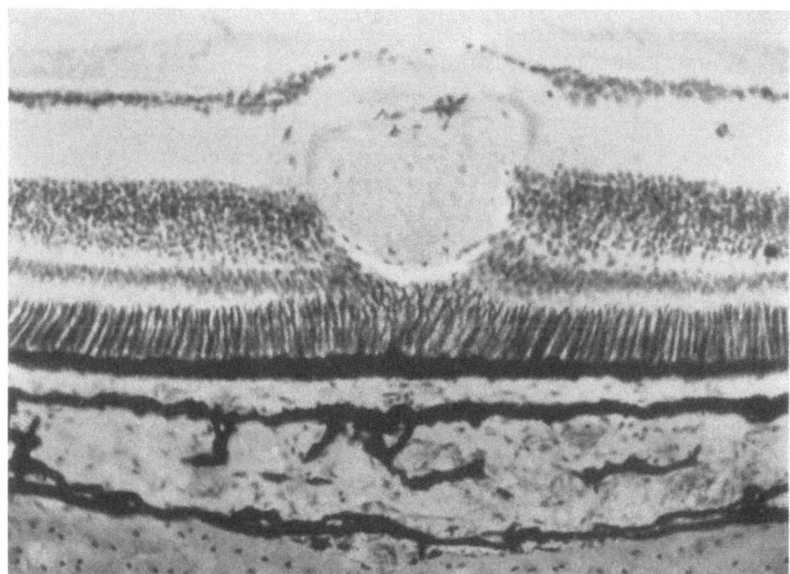

a

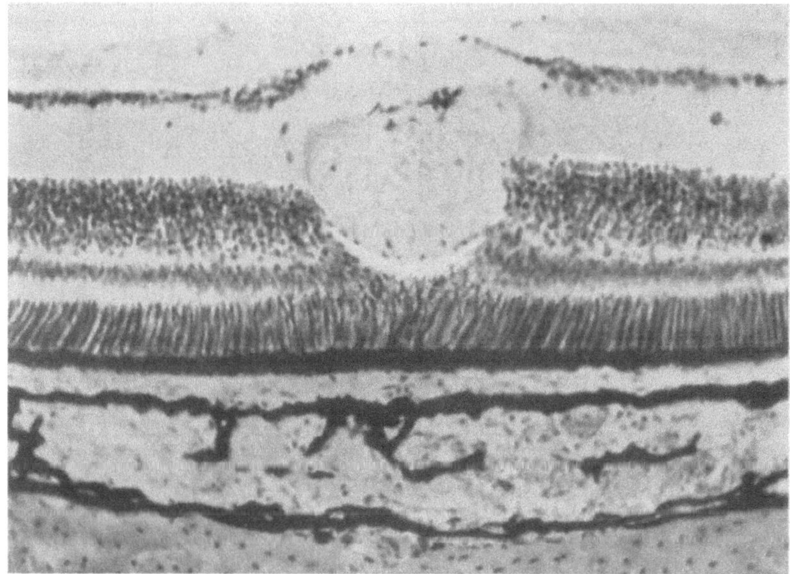

b

Abb. 6. Durch Abweichungen von der normalen Tubuslänge kann die sphärische Korrektur wieder aufgehoben werden.

a) Diese Aufnahme wurde bei richtiger Tubuslänge hergestellt.
Die Schärfe ist gut (expansiv wachsender Fremdkörper an der Netzhaut, Vergr. 180 ×)

b) Diese Aufnahme weist dagegen Fehler der Unterkorrektion auf, der Tubus war zu kurz.
Die Strukturen sind nicht mehr ausreichend scharf

b) Chromatische Bildfehler

Die chromatischen Abweichungen entstehen durch Zerstreuung des Lichtes und seine Zerlegung in die Spektralfarben beim Durchtritt durch das Linsenglas. Die einzelnen Farbstrahlen werden verschieden stark gebrochen und haben demzufolge verschiedene Brennpunkte. Die blauen Lichtstrahlen werden stärker gebrochen als die roten.

Diese Abweichungen werden durch Zusammenstellung verschiedener Glassorten oder glasähnlicher Stoffe bei der Herstellung der Objektive mehr oder weniger korrigiert. In der Mikroskopie gibt es verschiedene Objektivsysteme, die auf die

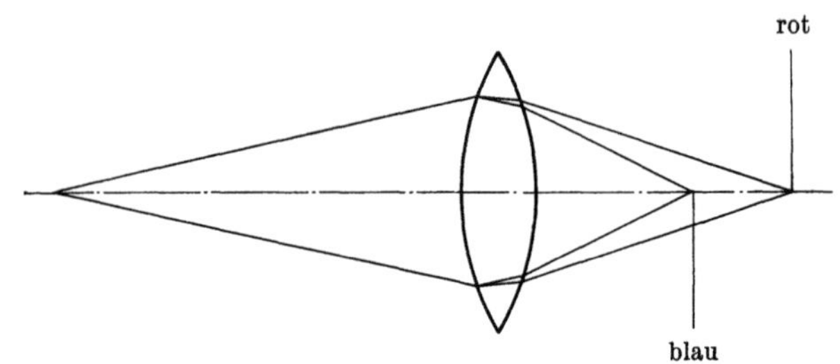

Abb. 7. Bei Durchtritt des Lichtes durch das Linsenglas wird es in seine Spektralfarben zerlegt. Hierbei werden die blauen Strahlen stärker abgebeugt, als die roten (chromatische Abweichung)

chromatischen Abweichungen unterschiedlich korrigiert sind. Die einfachsten Objektive, die Achromate, weisen noch geringe chromatische Abweichungen auf, die sich besonders stark bei schrägem Licht in Farbsäumen um die Objektstrukturen bemerkbar machen. Man kann sie weitgehend durch Verwendung von Farbfiltern beheben.

Weit besser korrigiert sind die Fluoritsysteme, denen Linsen aus Flußspat beigefügt sind, das besondere optische Vorzüge hat.

Die am besten korrigierten Objektive sind die Apochromate. Sie geben in der Kombination mit Kompensationsokularen absolut farbrichtige Wiedergaben.

So kann man die verschiedenen Objektivsysteme je nach ihrer chromatischen Korrektion für folgende Anwendungsgebiete gebrauchen:

Die Achromate für Schwarz-weiß-Aufnahmen unter Verwendung von Farbfiltern der mittleren Spektralbereiche, aber keinesfalls für Farbaufnahmen;

die Fluoritsysteme für Schwarz-weiß-Aufnahmen ohne Filter und für Farbaufnahmen;

die Apochromate für Farbaufnahmen, insbesondere Aufnahmen im roten oder blauen Spektralbereich.

c) Bildfeldwölbung

Als Bildfeldwölbung bezeichnet man die Eigenschaft eines Objektivs, das Bild nicht in einer ebenen, sondern einer gewölbten Fläche wiederzugeben. Man erhält also nur in der Mitte oder am Rand des Bildfeldes eine ausreichende Schärfe. In der subjektiven Beobachtung macht sich dieser Fehler nicht so unangenehm bemerkbar wie gerade in der Photographie, in der das Bild auf einer ganz ebenen Fläche wiedergegeben wird. Da man in der Mikrophotographie in den häufigsten Fällen nur einen zentralen Ausschnitt aus dem gesamten Bildfeld ausnutzt, läßt

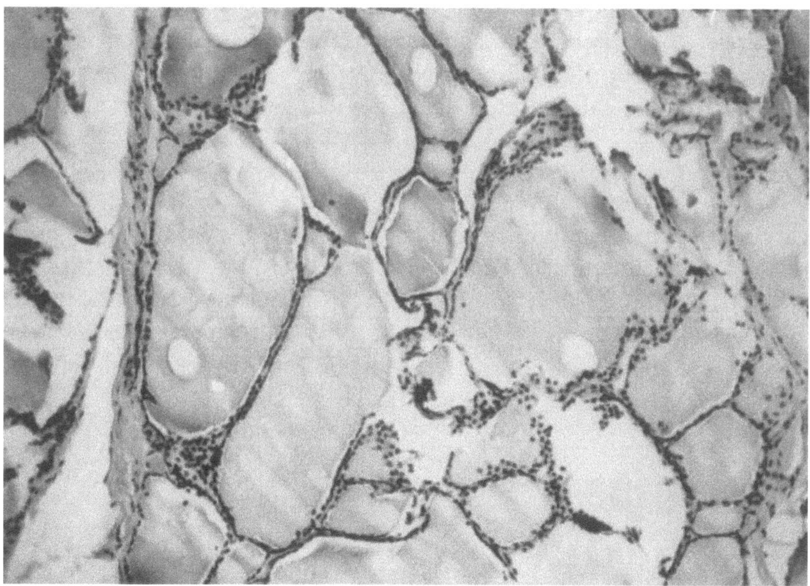

a

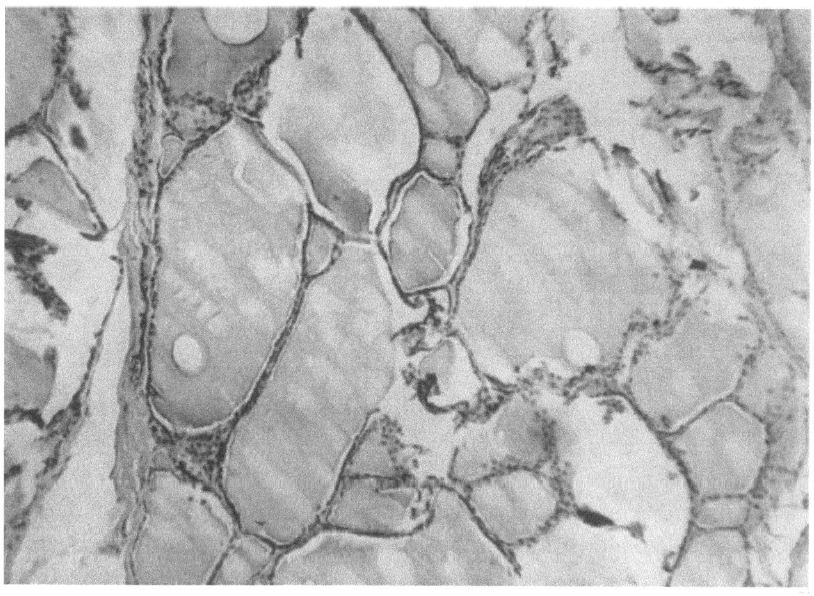

b

Abb. 8. Achromatischen Objektiven haften noch Fehler der chromatischen Abweichung
an und können nur in Verbindung mit Farbfiltern für die Photographie benutzt werden
(Schilddrüse, Vergr. 200×).

a) Diese Aufnahme wurde mit einem achromatischen Objektiv
und einem Grünfilter hergestellt. Die Strukturen sind kontrastreich und scharf

b) die gleiche Aufnahme wie a), aber ohne Farbfilter. Es zeigen sich feine Farbräume um
die Strukturen. Die Konturen werden nicht alle in einer Ebene scharf abgebildet

sich die Bildfeldwölbung mit entsprechend korrigierten Okularen (bildfeldebnenden Okularen) ausgleichen. (Näheres im Kapitel Okulare.)

Einige optische Werke haben neuerdings Planachromate und Planapochromate entwickelt, die ein bis zum Bildfeldrand absolut scharf gezeichnetes Bild erzeugen. Diese Objektive sind besonders dort geeignet, wo das gesamte Bildfeld ausgenutzt werden soll.

d) Numerische Apertur (n. A.)

Bei dem einfachen photographischen Objektiv wird die Lichtstärke aus dem Verhältnis seiner freien Öffnung zur Brennweite errechnet. Ist die Lichtstärke mit 1 : 3,5 bezeichnet, so bedeutet das, daß der Durchmesser der freien Öffnung 3,5 mal in der Brennweite enthalten ist.

Auch bei den Mikroobjektiven ist die Größe der freien Öffnung entscheidend für das Maß der Lichtstärke. Die Lichtstärke bezeichnet man als

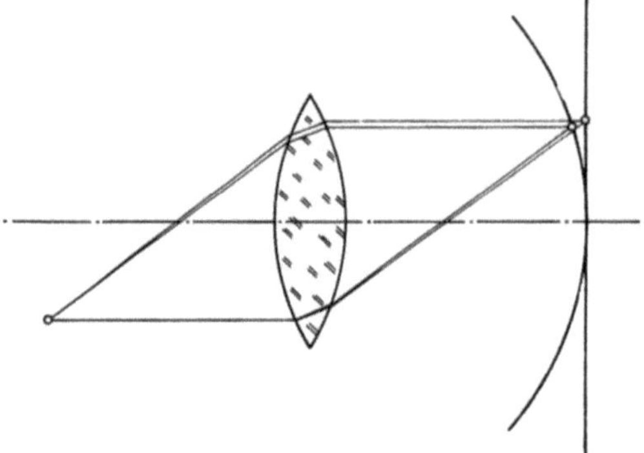

Abb. 9
Die Eigenschaft eines Objektivs, das Bild statt in einer ebenen in einer gewölbten Fläche wiederzugeben, bezeichnet man mit Bildfeldwölbung. Sie ergibt Randunschärfen, die mit Hilfe bildfeldebnender Okulare ausgeglichen wird

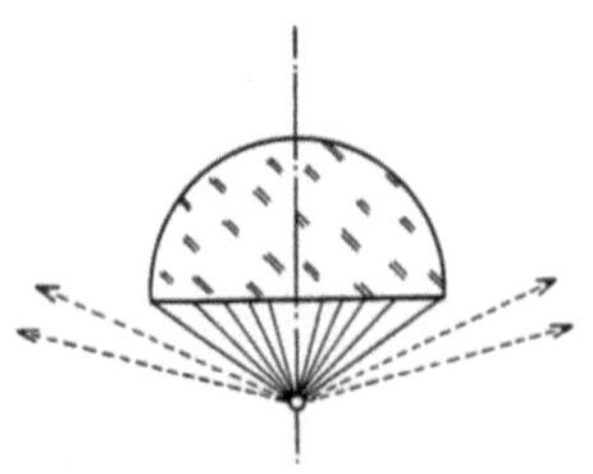

Abb. 10. Die numerische Apertur ist das Maß des vom Objektiv aufgenommenen Strahlenkegels

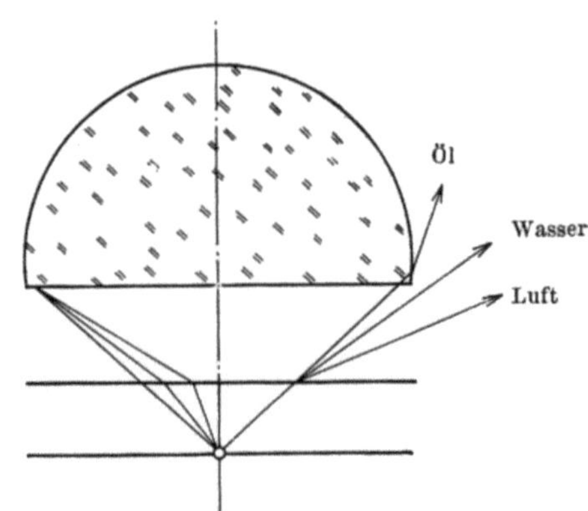

Abb. 11. Die numerische Apertur steht in einem bestimmten Verhältnis zum Öffnungswinkel des Strahlenkegels und dieser ist wiederum abhängig vom Brechungsindex des Zwischenmediums. Ist zwischen Deckglas und Frontlinse des Objektivs Luft, werden die Strahlen stärker abgebeugt, als bei einer Wasser- oder Ölverbindung

numerische Apertur. Sie errechne sich aber nicht aus dem Durchmesser, sondern aus dem Halbmesser der freien Öffnung zur Brennweite und wird in einem Dezimalbruch ausgedrückt. Eine numerische Apertur von 0,20 bedeutet also, daß der Halbmesser der freien Öffnung ein Fünftel der Brennweite ist. Die numerische Apertur ist also das Maß des vom Objektiv aufgenommenen Strahlenbündels. Außerdem steht sie in einem bestimmten Verhältnis zum Öffnungswinkel des Strahlenkegels, und dieser ist wiederum abhängig vom Brechungsindex des Zwischenmediums. Die Regel besagt: Die numerische Apertur ist das Produkt aus dem Sinus des halben Öffnungswinkels und der Brechzahl des Zwischenmediums.

Als Zwischenmedium bezeichnet man das Mittel, durch das die Lichtstrahlen zwischen Deckglas und Objekt verlaufen (Luft, Wasser oder Öl).

Die Beziehung des Öffnungswinkels des vom Objektiv aufgenommenen Strahlenkegels und der Brechzahl des Zwischenmediums veranschaulicht die nebenstehende Abbildung.

Aus der Bezeichnung der numerischen Apertur läßt sich außerdem die Größe des Auflösungsvermögens eines Objektives ersehen: je höher die numerische Apertur, desto größer das Auflösungsvermögen.

e) Auflösungsvermögen und förderliche Vergrößerung

Als Auflösungsvermögen bezeichnet man die Eigenschaft eines Objektivs, feinste Details einer Objektstruktur absolut scharf und streng voneinander getrennt wiederzugeben.

Gerade in der Mikroskopie, in der man es mit besonders feinstrukturierten Objekten zu tun hat, werden an das Auflösungsvermögen eines Objektivs besonders hohe Anforderungen gestellt.

Neben der bereits erwähnten numerischen Apertur ist das Auflösungsvermögen von der Wellenlänge des Lichtes abhängig. Wichtig ist es zu wissen, daß kurzwelliges Licht das Auflösungsvermögen erhöht. Aus diesem Grund wird man zur Darstellung sehr feiner Objektstrukturen zweckmäßigerweise mit Apochromaten hoher numerischer Apertur und kurzwelligem Licht arbeiten. (Den stärksten Anteil an kurzwelliger Strahlung haben Hg- und Kohlebogenlampen.)

Aber nicht nur die Wellenlänge ist für die Größe des Auflösungsvermögens entscheidend, sondern auch die Richtung des Lichtes. Die Anwendung von schrägem Licht (Dunkelfeldbeleuchtung) kann das Auflösungsvermögen erheblich erhöhen.

Abhängig von der numerischen Apertur wirkt sich auch die angewandte Vergrößerung auf das Auflösungsvermögen aus. So kann das Auflösungsvermögen verschlechtert werden, wenn das Vergrößerungsverhältnis eines Objektivs unter- oder überschritten wird. Die Grenzen, in denen das Auflösungsvermögen eines Objektivs voll ausgenutzt wird, sind in einer Faustregel festgelegt:

Die Gesamtvergrößerung soll möglichst nicht das Tausendfache der numerischen Apertur eines Objektivs überschreiten oder das 300fache der numerischen Apertur unterschreiten.

In diesen Grenzen bewegt sich die „förderliche Vergrößerung" eines Objektivs. Das Überschreiten der Höchstgrenze, durch Verwendung zu starker Okulare oder zu langer Kameraauszüge, ergibt eine „Leervergrößerung", die sich in verwaschenen, unscharfen Konturen bemerkbar macht. Ein Unterschreiten der Grenze der förderlichen Vergroßerung kommt dagegen in der Praxis seltener vor. Man sollte also besonders in der Photographie stets in einem mittleren Bereich der förderlichen Vergrößerung arbeiten, denn ein absolut scharfes Negativ läßt sich im Positiv-Verfahren beliebig weiter vergrößern; ein Negativ, welches dagegen an der Grenze des Unschärfenbereiches liegt, ergibt schon in der Kontaktkopie eine unbefriedigende Wiedergabe.

f) Abbildungsmaßstab

Der Abbildungsmaßstab des mikroskopischen Bildes ist ein Produkt aus der Einzelvergrößerung des Objektivs (V_{ob}) und der des Okulars (V_{ok}) und der benutzten Kameralänge (L_k) (Abstand Okular — Negativebene).

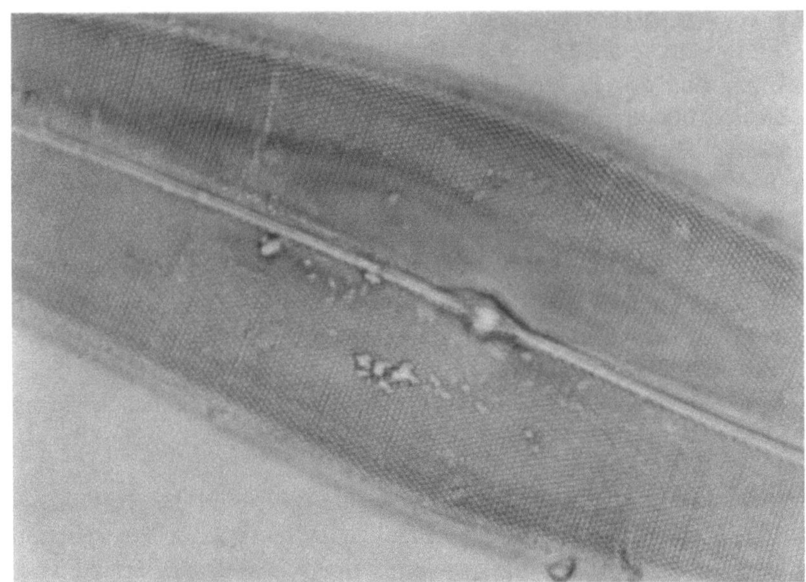

a

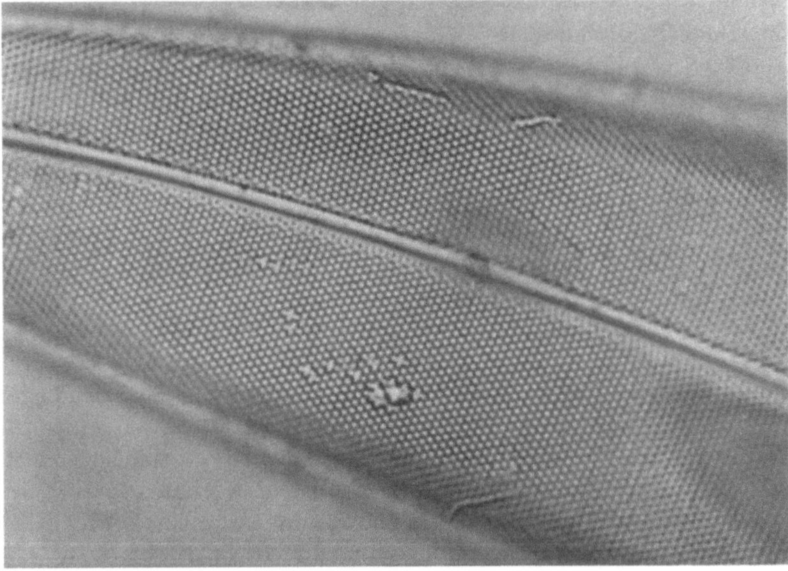

b

Abb. 12. Das Auflösungsvermögen eines Objektivs ist von seiner numerischen Apertur abhängig.

a) Diese Aufnahme von Pleurosigma wurde mit Objektiv 61:1, n. A. 0,85 bei 750facher Vergrößerung hergestellt. Die feine Gitterstruktur wird nicht hinreichend aufgelöst

b) diese Aufnahme des gleichen Objektes wurde mit Apochromat-Öl 90:1, n. A. 1,32 bei 1200facher Vergrößerung hergestellt. Die Gitterstruktur wird gut aufgelöst und scharf abgebildet

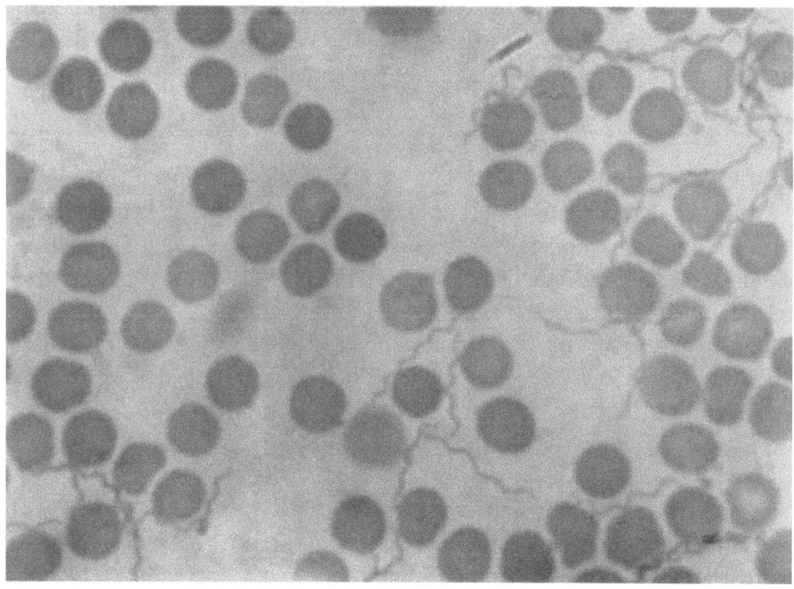

a

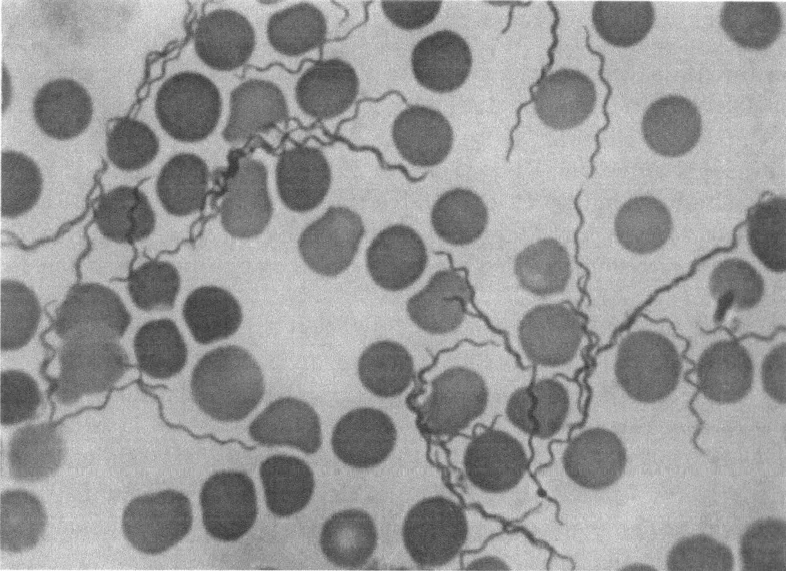

b

Abb. 13. Das Auflösungsvermögen ist weiterhin abhängig von der „förderlichen Vergrößerung".
Ihre Höchstgrenze liegt beim 1000fachen der n. A.

a) Dieses Spirochäten-Präparat wurde mit Objektiv 45:1, n. A. 0,65 bei 1150facher Vergrößerung
aufgenommen. Die Auflösung ist unzureichend, da die
förderliche Vergrößerung weit überschritten wurde

b) mit Ölimmersion 90: 1, n. A. 1,32 zeigt das gleiche Präparat bei 1300facher
Vergrößerung kontrastreiche und scharfe Konturen

Da das Vergrößerungsverhältnis der Mikroobjektive auf eine durchschnittliche Augensehweite von 250 mm abgestimmt ist, muß man bei der Berechnung des Abbildungsmaßstabes die Gesamtkameralänge durch 250 mm dividieren.

Die Formel zur Errechnung des Abbildungsmaßstabes lautet also:

$$V = V_{ob} \cdot V_{ok} \cdot \frac{L_k}{250\,\mathrm{mm}}$$

Bei Mikroskopen mit binocularen oder monocularen Schrägtuben sind vielfach zum Ausgleich der veränderten Tubuslänge Zwischenlinsen eingebaut, die einen zusätzlichen Vergrößerungsfaktor (Tubusfaktor) aufweisen, der bei der Berechnung ebenfalls zu berücksichtigen ist. Der Tubusfaktor ist durchweg auf den Tuben eingraviert und beläuft sich zwischen 1,25 und 1,6.

Beim Forschungsmikroskop Ortholux von Leitz, das einen Tubusfaktor von 1,25 besitzt, würde die Berechnung der Endvergrößerung des photographischen Bildes also lauten:

$$V = V_{ob} \cdot V_{ok} \cdot 1{,}25 \cdot \frac{L_k}{250\,\mathrm{mm}}$$

Manche Aufsatzkameras, besonders solche für Kleinbildaufnahmen, haben eine kürzere Kameralänge als 250 mm. Bei diesen Geräten ist ein Verkleinerungsfaktor zu berücksichtigen, der ebenfalls auf den Kameragehäusen eingraviert ist.

Wird eine genaue Bestimmung des Abbildungsmaßstabes gefordert, ist es vorteilhafter sich eines Objektmikrometers zu bedienen, dessen Anwendung später noch beschrieben wird.

3. Objektive

Wie bereits in den vorigen Kapiteln erwähnt wurde, unterscheiden sich die Mikro-Objektive in ihrem Korrektionszustand.

Als einfachster Objektivtyp gelten die Achromate. Da sie noch chromatische Abweichungen aufweisen, sind sie in der Mikrophotographie nur in Verbindung mit Farbfiltern des mittleren Spektralbereiches (Gelb-Grün) zu verwenden, was sie für das Gebiet der Farbphotographie völlig ausschließt. Die schwachen achromatischen Systeme werden mit Huygens-Okularen, die starken mit Kompensationsokularen kombiniert.

Die nächst besser korrigierten Objektive sind die Fluoritsysteme. Sie weisen kaum noch chromatische Abweichungen auf und können deshalb ohne Verwendung von Farbfiltern benutzt werden. Sie werden ausschließlich mit Kompensationsokularen kombiniert.

Die bestkorrigierten Objektive sind die Apochromate. Ihre chromatische Korrektion erstreckt sich auf alle Farben des sichtbaren Spektrums. In Verbindung mit Kompensationsokularen sind sie besonders für Farbaufnahmen geeignet. Außerdem weisen alle Apochromate ein sehr hohes Auflösungsvermögen auf, was sie für die Darstellung sehr feinstrukturiger Objekte wertvoll macht.

Neben den vorgenannten Objektivtypen gibt es neuerdings noch die Planachromate bzw. Planapochromate, die neben den üblichen Korrektionsmerkmalen besonders auf die Fehler der Bildfeldwölbung korrigiert sind. Sie bilden also ein ebenes Objekt auch in einer Ebene scharf ab und gestatten dadurch die Ausnutzung großer Bildfelder. Auch sie werden mit Kompensationsokularen kombiniert.

Bei der Verwendung der Objektive ist zu beachten, daß die starken Trockensysteme außerordentlich empfindlich gegen abweichende Deckglasdicken sind. Aus diesem Grund sind die hochwertigen Trockensysteme (Fluoritsysteme und Apochromate) mit Korrektionsfassungen ausgerüstet, die sehr genau auf die jeweilige Deckglasdicke eingestellt werden müssen.

Die Trockensysteme erreichen höchstens eine numerische Apertur von 0,95. Höhere Aperturen besitzen nur Immersionsobjektive; dieses sind Objektive, bei denen zwischen Deckglas und Objektivfrontlinse je nach ihrer Art ein Medium aus Zedernöl oder Wasser gebracht werden muß.

4. Okulare

Wie an anderer Stelle bereits erwähnt, ist die Wahl des richtigen Okulars für die Güte des mikroskopischen Bildes ausschlaggebend. Die Aufgabe des Okulars ist es, das vom Objektiv entworfene Zwischenbild weiter zu vergrößern. Außerdem hat das Okular Fehler der Bildfeldwölbung des Objektivs in einem bestimmten Maß zu korrigieren. Darum ist es für die Mikrophotographie besonders wichtig, Okulare zu wählen, die diesen Voraussetzungen gerecht werden.

Alle schwach vergrößernden achromatischen Objektive werden auch in der Photographie mit Huygens-Okularen benutzt. Bei den stärker vergrößernden, sowie allen Fluoritsystemen und Apochromaten greife man zu bildfeldebnenden Okularen (periplanatische Okulare, Kompensations- und Photo-Okulare). Sehr zu empfehlen sind die Photo-Okulare von Zeiss, die auf Grund ihrer verstellbaren Augenlinsen äußerste Korrektionsmöglichkeiten bieten.

Die Okularvergrößerungen liegen durchschnittlich zwischen 4 mal und 25 mal. Für die Photographie sollte man aber niemals Okulare mit Eigenvergrößerungen über 12—15 fach verwenden, da sonst in fast allen Fällen die förderliche Vergrößerung überschritten würde.

Außerdem hat die Erfahrung gezeigt, daß nicht alle Okulare mit den einzelnen Objektiven ein gleichgutes Bild ergeben. Es ist also empfehlenswert, seine Okulare auf die vorhandenen Objektive abzustimmen. Um die günstigste Zusammenstellung zu prüfen, setzt man auf sein Mikroskop am besten eine 9 × 12 Kamera und stellt das Bild auf der Mattscheibe ganz exakt ein. Nun probiert man jedes Objektiv mit allen Okularen zwischen 4- und 12 fach aus und bezeichnet auf der Mattscheibe die Größe des Schärfenbereiches. Später wähle man für photographische Zwecke jeweils das bestkorrigierende Okular, d. h. das Okular, welches den größten Schärfebereich zeigte, also die Fehler der Bildfeldwölbung am besten ausglich.

5. Lichtquellen

Während für die subjektive Beobachtung einfache und nicht allzu helle Mikroskopierleuchten ausreichend sind, werden für die Mikrophotographie lichtstarke Lampen mit gerichtetem Strahlengang benötigt. Die besten Ergebnisse werden mit möglichst punktförmigen Lichtquellen hoher Intensität erzielt. Die Mikrokopierlampen müssen mit einem verstellbaren Kollektor (Sammellinse) ausgerüstet sein, mit dessen Hilfe das Lichtquellenbild über den Mikroskopspiegel auf der unteren Fläche des Mikroskopkondensors scharf abgebildet wird. Da das Bild der Lichtquelle durch den Kondensor in die Objektebene weiterprojiziert wird,

2 Heunert, Mikrophotographie, 2. Aufl.

muß nach Einstellen des Kollektors eine Mattscheibe zwischen diesen und die Lichtquelle geschaltet werden. Andernfalls würden in der Objektebene die Leuchtwendel der Lampe abgebildet werden. Bei den Mikroskopierlampen der Firma Leitz ist diese Mattscheibe nicht erforderlich, da eine Linsenfläche des Kollektors schwach mattiert ist. Man projiziert bei diesen Lampen nicht die Leuchtwendel auf die Unterseite des Kondensors, sondern stellt nur auf die größte Helligkeit ein.

Weiterhin sollte die Mikroskopierlampe mit einer zentrierbaren Lampenfassung versehen sein, um ein exaktes Zentrieren des Strahlenganges zu ermöglichen. Auch Lampen mit „Zentriersockel" sollten diese Nachjustierungsmöglichkeit haben, da vielfach noch Abweichungen in der Herstellung der Lampensockel vorkommen.

Vor dem Kollektor muß sich eine Blende, die Leuchtfeldblende, befinden. Sie wird mit Hilfe des Mikroskopkondensors in der Objektebene scharf abgebildet und hat die Aufgabe, das Leuchtfeld auf die Größe des Sehfeldes zu begrenzen. Als Leuchtfeld bezeichnet man die Fläche in der Objektebene, die ausgeleuchtet ist, als Sehfeld die Fläche, die man durch das Mikroskop beobachtet. Würde das Leuchtfeld größer sein, als das Sehfeld, machten sich unangenehme Randüberstrahlungen und Verschleierungen bemerkbar, die von Reflektionsstrahlen außerhalb des Sehfeldes liegender Objektteile herrühren. Diese Überstrahlungen sind oft nur so schwach, daß sie bei der subjektiven Beobachtung nicht wahrgenommen werden. Die photographische Schicht jedoch registriert sie. Aus diesem Grund ist die Verwendung einer Leuchtfeldblende für die Mikrophotographie unerläßlich. (Die Beleuchtungsanordnung ist im folgenden Kapitel beschrieben.)

Der einfachste und gebräuchlichste Typ der Mikroskopierleuchte ist die Niedervoltlampe. Sie reicht in ihrer Lichtintensität in den meisten Fällen aus, zumal bei Aufnahmen bewegungsloser Objekte, bei denen man nicht auf besonders kurze Belichtungszeiten angewiesen ist. Niedervoltlampen gibt es in den Lichtstärken zwischen 15 und 100 Watt, wobei die 15-Watt-Lampen für die Photographie vielfach zu schwach sind. Am bequemsten ist es, wenn man die Niedervoltlampe über einen Reguliertransformator steuert, da sich mit ihm alle Helligkeitswerte stufenlos einstellen lassen.

Reicht die Glühlampe in ihrer Lichtintensität nicht aus, z. B. bei Aufnahmen lebender Objekte im Phasenkontrast oder Dunkelfeld, bei Auflicht-, Polarisationsoder Fluoreszenzaufnahmen, sind stärkere Lichtquellen oder solche bestimmter spektraler Eigenschaften erforderlich. Die früher sehr viel verwandte Bogenlampe tritt immer mehr in den Hintergrund. An ihre Stelle sind heute die in ihrem Betrieb sehr viel angenehmeren und oft auch helleren Quecksilberhöchstdruck- und Xenonlampen getreten. Die spektralen Eigenschaften dieser beiden Lampentypen sind sehr unterschiedlich. Das Spektrum der Xenonlampe ähnelt dem sehr breit gestreuten Sonnenspektrum und eignet sich aus diesem Grund hervorragend für Farbaufnahmen. Die Hg-Lampe hat ihre stärkste Intensität im kurzwelligen Bereich, wodurch sie für Farbaufnahmen unbrauchbar wird, dagegen große Vorzüge für die Fluoreszenzphotographie aufweist.

Aus diesen Erwägungen ist schon ersichtlich, daß es von großer Bedeutung ist, die spektralen Eigenschaften seiner Lampen zu kennen, um Enttäuschungen zu vermeiden. Hierüber wird mehr in den einzelnen Spezialkapiteln zu finden sein.

Nun bliebe noch der Mikroblitz zu erwähnen. Die Elektronenblitz-Photographie findet in der letzten Zeit wegen ihrer großen Bequemlichkeit immer mehr

Anhänger. Da eine exakte Lichtmessung aber nicht möglich ist, wird man sie jedoch vorwiegend nur bei gleichbleibenden Routinearbeiten anwenden. Hierfür werden von den optischen Werken sehr zweckmäßige und auch ausreichend lichtstarke Geräte geliefert, die eine gute Zentrierung ermöglichen und gleichzeitig die Beobachtung mit einer Niedervoltlampe zulassen.

Tab. 2 gibt eine Übersicht über die gebräuchlichsten Lichtquellen der optischen Werke Leitz — Zeiss — Reichert.

Tabelle 2. *Die gebräuchlichsten Lampentypen der optischen Werke*

Gruppe	E. Leitz, Wetzlar	C. Zeiss, Oberkochen	C. Reichert, Wien
Niedervolt-Lampen	Ansatzleuchte 6 V 2,5 Amp., 15 W Monla 6 V 5 Amp., 30 W	Mikroskopierleuchte 6 V, 2,5 Amp., 15 W Hochleistungsleuchte V 12 V, 8 Amp., 100 W	UNILUX 6 V, 2,5 Amp., 15 W Lux FB Lux FNI } 6 V, 5 Amp., 30 W Lux E
Quecksilber-Höchst-drucklampen (Hg.-Lampen)	Fluoreszenzlampe CS 150 (150 W)	Hochleistungsleuchte IV HBO 200 (200 W)	Fluorex Lux UV
Xenon-Lampen	Xenon-Hochdruck-brenner XBO 162 (150 W)	—	—
Bogenlampen	Liliput-Bogenlampe 6—10 Amp. Lichtstarke Bogen-lampe 10—15 Amp. (der erste Wert gilt für Gleichstrom, der zweite für Wechsel-strom)	Bogenlampe 6—10 Amp.	Bogenlampe Lux LVA 6—10 Amp.
Blitz-Einrich-tungen	Multiblitz-Mikro 150 und 300 W/sec 1/1000	Elektronen-Blitz-einrichtung zur Hochleistungs-leuchte 250 W/sec 1/500	—

6. Beleuchtungsapparate (Kondensoren)

Ein Teil, welches ebenfalls für eine gute Darstellung des Objektes wichtig ist, ist der Beleuchtungsapparat des Mikroskops. Ihm fällt die Aufgabe zu, die von der Lampe ausgesandten Lichtstrahlen zu sammeln und je nach Einstellungsart gerade oder schräg auf das Objekt weiterzuleiten.

Der Beleuchtungsapparat setzt sich zusammen aus einem mechanischen Teil, der Einstell- und Blendenvorrichtung, und einem optischen Teil, dem eigentlichen Kondensor. Da die Blendeneinrichtungen heute in fast allen Fällen mit den Kondensoren fest verbunden sind (in Gegensatz zum früheren Abbeschen Beleuchtungsapparat) sollen an dieser Stelle nur die Kondensoren beschrieben werden.

Die heute gebräuchlichsten Kondensoren für die Hellfeldbeleuchtung sind zwei- bis dreilinsige aplanatische Systeme mit abschraubbaren oder ausklappbaren Frontlinsen. Bei schwachen Vergrößerungen wird der Kondensor ohne Frontlinse verwendet. Ab Objektiven mit 10 facher Eigenvergrößerung wird das vollständige

Abb. 14. Der gesamte Beleuchtungsapparat mit dem mechanischen Teil (Höhenverstellung am Mikroskop) und dem optischen Teil, dem Kondensor. Hier ein Hellfeld- und ein Dunkelfeldkondensor

System mit Frontlinse benutzt. Für das Arbeiten mit dicken Präparaten, z. B. Kulturkammern, Zählkammern oder dgl. kann man bei einigen Kondensoren die normale Frontlinse gegen eine langbrennweitige auswechseln. Hierdurch erzielt man auch bei anormalen Abstandsverhältnissen noch exakte Ausleuchtungen. Weiterhin befindet sich am Kondensor die Aperturblende. Die Apertur des Kondensors muß in einem bestimmten Verhältnis zu der des Objektivs stehen. Um das richtige Verhältnis herzustellen, welches sich bei jedem Vergrößerungswechsel ändert, bedient man die Aperturblende. (Näheres im Kapitel „Einstellungsfolgen".)

Die günstigste Beleuchtungsart in der Mikroskopie, die sich auch für die Mikrophotographie am besten bewährt, ist die Beleuchtungsanordnung nach KÖHLER. Die nebenstehende Zeichnung soll diese Beleuchtungsanordnung veranschaulichen. Die Lichtquelle (*L*) wird mit Hilfe des Kollektors (*Kol*) auf den Mittelpunkt der Aperturblende (*Abl*) des Kondensors (*Kond*) scharf abgebildet. (Ist der Kollektor mattiert, wird der hellste Lichtpunkt eingestellt.) Der Kondensor (*Kond*) wiederum bildet die Leuchtfeldblende (*Lbl*) in der Objektebene (*O*) ab. Das Blendenbild muß genau zentrisch im Bildfeld liegen und das Sehfeld begrenzen. Diese Beleuchtungsanordnung findet praktisch bei allen Einstellungsarten Anwendung. (Siehe Kapitel Einstellungsfolgen.)

Neben den obengenannten aplanatischen Systemen gibt es noch achromatische Kondensoren, die aus einer größeren Anzahl von Linsen zusammengesetzt sind. Sie entsprechen höheren Ansprüchen, besonders denen der Farbphotographie.

Erwähnt sei noch der Zweiblendenkondensor nach Berek von Leitz (ein ähnliches System gibt es jetzt auch bei der Firma Reichert). Bei diesem Kondensor ist

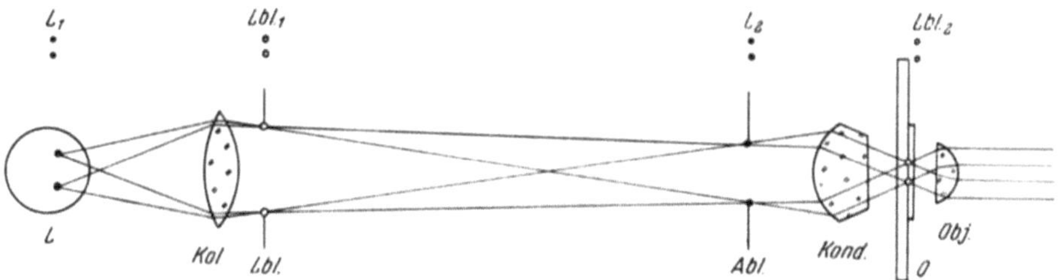

Abb. 15. Schematische Darstellung der Köhlerschen Beleuchtungsanordnung. *L* Lichtquelle, *Kol* Kollektor, *Lbl* Leuchtfeldblende, *Abl* Aperturblende, *Kond* Kondensor, *O* Objektebene, *Obj* Objektiv

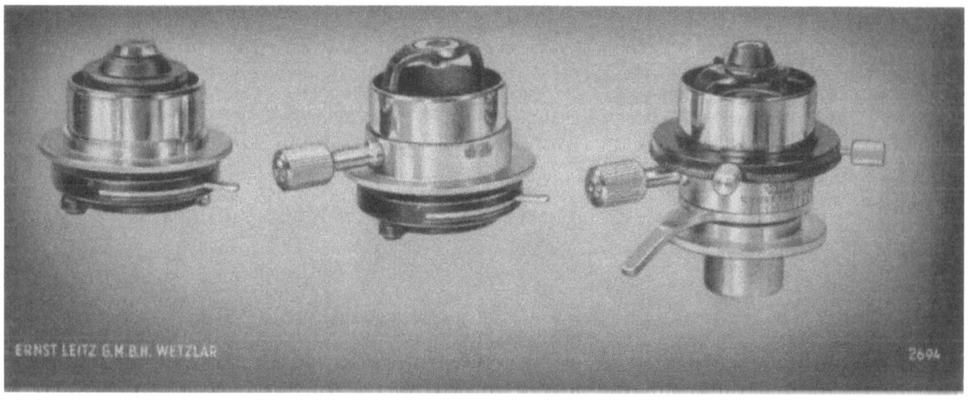

Abb. 16. Drei verschiedene Kondensoren

a) Zweilinsiger Kondensor mit abschraubbarer Frontlinse; b) zweilinsiger Kondensor mit ausklappbarer Frontlinse; c) Zweiblenden-Hellfeldkondensor nach BEREK

die Leuchtfeldblende in das System mit aufgenommen und kann somit am Kollektor entfallen. Die obere Blende (Hebel) regelt die Apertur, die untere (Rändelring) begrenzt das Leuchtfeld. Bei ausgeklappter Frontlinse, also bei schwachen Vergrößerungen, wird die obere Blende als Aperturblende unwirksam; an ihre Stelle tritt die untere Blende. Die obere Blende ist soweit zu öffnen, daß sie den Bildfeldrand nicht beschattet.

Für Übersichtsvergrößerungen (Objektive 1:1 bis 3:1) gibt es einfache Brillenglaskondensoren, die auch für Aufnahmen mit kurzbrennweitigen Makroobjektiven verwendet werden können.

Neben diesen Kondensoren für die Durchlicht-Hellfeldbeleuchtung gibt es solche für Dunkelfeld, Phasenkontrast und Auflicht, die in den jeweiligen Kapiteln der Untersuchungsmethoden beschrieben sind.

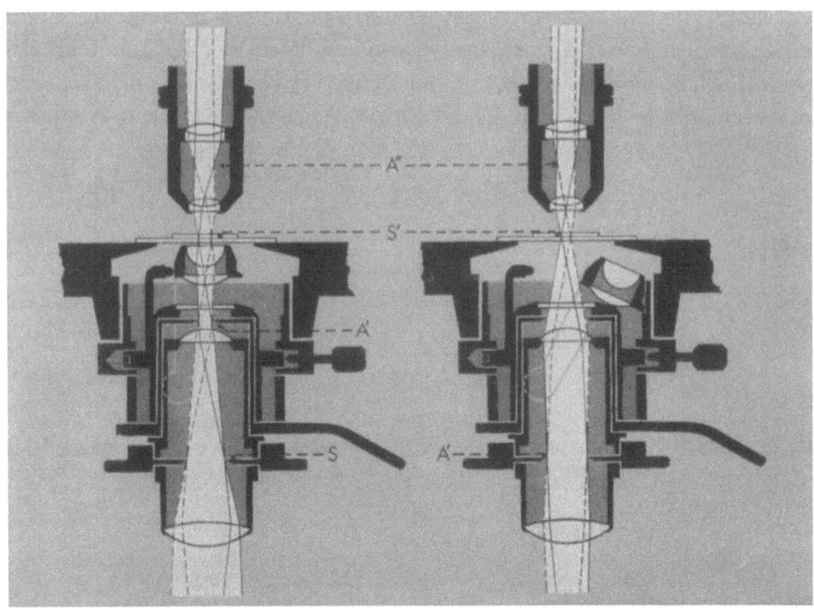

Abb. 17. Strahlengang im Zweiblenden-Hellfeldkondensor nach BEREK. Bei diesem Kondensor ist die Leuchtfeldblende in das System mit aufgenommen. Bei ausgeklappter Frontlinse (schwache Vergr.) wird die Aperturblende wirkungslos und bleibt geöffnet. In diesem Fall wirkt die Leuchtfeldblende als Aperturblende

Abb. 18
Aufsatzkamera für das Plattenformat 6,5 × 9 von Zeiss. Diese Kamera ist leicht und handlich und eignet sich gut für gelegentliche Mikroaufnahmen

7. Die mikrophotographischen Kameratypen

Zunächst sollte die Wahl des zur Anwendung kommenden Formates geklärt werden. Da in der wissenschaftlichen Arbeit übermäßig hohe Positiv-Vergrößerungen (24 × 30 cm oder größer) durchschnittlich nicht gebraucht werden, ist vom qualitativen Standpunkt aus eine Unterscheidung der Aufnahmeformate nicht erforderlich. Die heutigen Kleinbildemulsionen sind ohne weiteres den großen Aufnahmeformaten ebenbürtig.

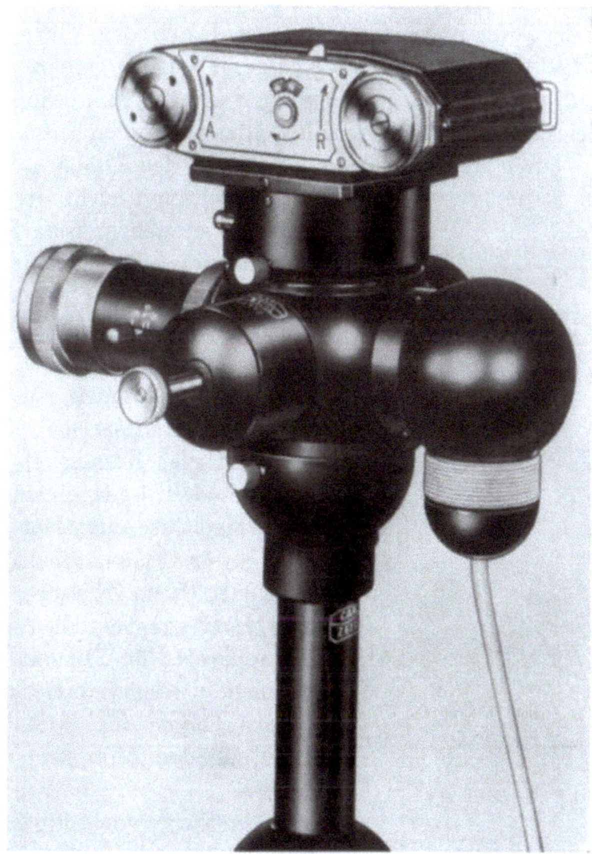

Abb. 19
Kleinbildaufsatzkameras, wie diese von Zeiss, sind die idealen Geräte für
häufige mikrophotographische Arbeiten

Ein anderer Faktor kann dagegen in der Formatwahl von größerer Bedeutung sein, und zwar die Häufigkeit, mit der Mikroaufnahmen gemacht werden. Für gelegentliche Aufnahmen empfiehlt es sich, eine Plattenkamera zu wählen. Einzelne Aufnahmen können sofort in der Dunkelkammer entwickelt werden. Werden aber laufend Mikroaufnahmen hergestellt, ist das Arbeiten mit Kleinbildfilm praktischer, zeitsparender und bedeutend rentabler.

Ein weiterer Faktor kann für die Formatwahl entscheidend sein, und zwar die Größe der abzubildenden Objekte. Hat man es vorwiegend mit sehr großen Objektfeldern (Übersichtsaufnahmen) zu tun, ist oft ein größeres Aufnahmeformat von Vorteil, um im Abbildungsmaßstab nicht zu klein werden zu müssen und dadurch an Auflösung zu verlieren. Bei der Untersuchung sehr kleiner Objekte dagegen, die nur mit starken Immersionsobjektiven hinreichend sichtbar gemacht werden können, reicht das Kleinbildformat bei weitem aus.

Nach der Klärung der Formatfrage bliebe nur noch die Entscheidung über die Wahl des Kameratypes. Hier kann man unterscheiden: die

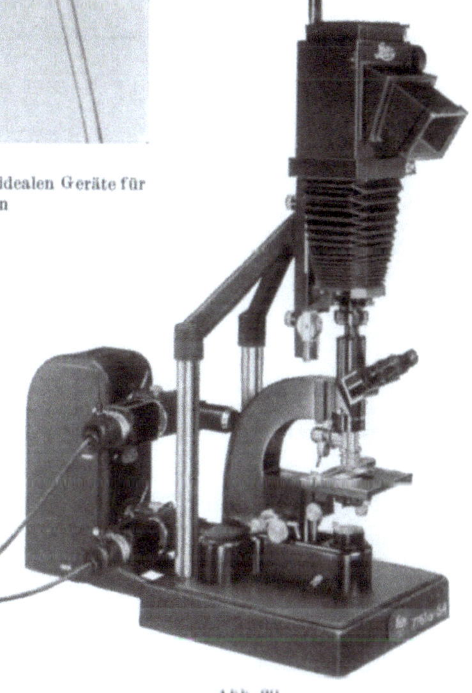

Abb. 20
Stativkameras, wie diese von Leitz (Aristophot), lassen
sich sehr vielseitig ausbauen und verwenden. Es können
Mikro- sowie Makroaufnahmen hergestellt werden. Die
9 × 12 Kamera läßt sich gegen eine Kleinbildkamera
mit Spiegelkasten und Balgenauszug auswechseln

Aufsatzkamera und die *Stativkamera*. Diese Entscheidung richtet sich ebenfalls wieder nach der Häufigkeit, mit der Aufnahmen gemacht werden. Die mit dem Mikroskop fest verbundene Aufsatzkamera erfordert mehr Sorgfalt und Vorsicht beim Arbeiten, da beim Bedienen der Kamera leicht Schwingungen auf das Mikroskop übertragen werden können. Bei Mikroskopen, deren Einstelltriebe auf den Tubus wirken, besteht außerdem die Gefahr, daß die Kamera zu stark den Tubus belastet und somit leicht Unschärfen entstehen. Derartige Kameras sollte man nur für gelegentliche photographische Arbeiten benutzen.

Die Aufsatzkameras setzen sich zusammen aus Strahlenteilungsprisma, Einstellokular, Kameraverschluß und entweder einem Kameragehäuse mit Mattscheibe für Plattenaufnahmen oder einem Zwischenring für die gängigen Kleinbildapparate für Filmaufnahmen. Klemmvorrichtungen sorgen für festen Halt auf den Mikroskoptuben.

Wesentlich vielseitiger und stabiler sind die Stativkameras. Hiervon gibt es die verschiedensten Typen, die sich aber im Grundaufbau mehr oder weniger gleichen. Auf einem Grundbrett, auf dem das Mikroskop angeschraubt wird, befindet sich eine vertikale Säule, an der die Kamera befestigt ist. Als Kameras verwendet

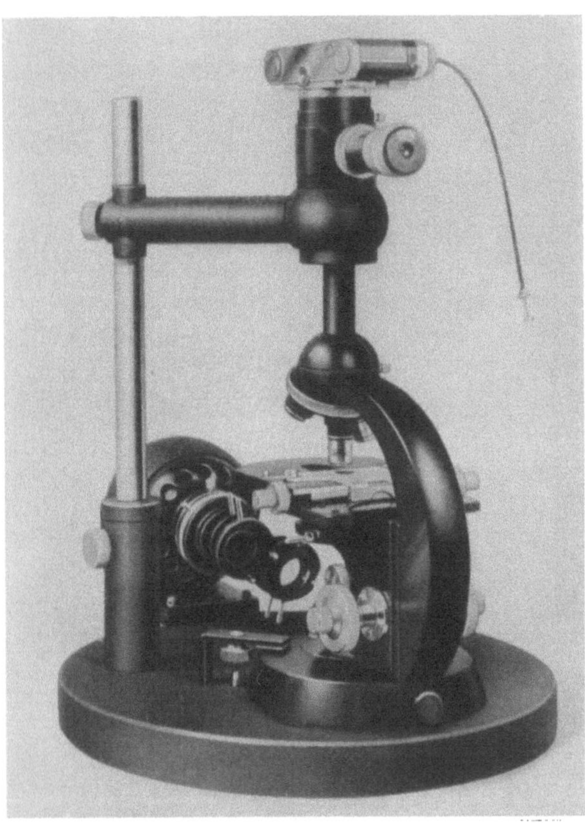

Abb. 21

Bei starken Vergrößerungen empfiehlt es sich, die Aufsatzkamera nicht mit dem Mikroskop fest zu verbinden, sondern auch vom Stativ aus zu benutzen, wie es hier mit einem Stativ von Zeiss gezeigt wird

man Plattengeräte mit den Formaten 9×12 oder 6×9 cm, sowie Kleinbildapparate mit Balgeneinstellgeräten oder Strahlenteilungsprismen. Lichtabschlußmanschetten sorgen für lichtdichte Verbindung zwischen Kamera und Mikroskop ohne miteinander fest verbunden zu sein. Die vertikale Verschiebungsmöglichkeit, besonders der Balgenkameras, erlaubt ein Variieren der Vergrößerung (aber nur mit Maßen!), und damit die Wahl des günstigsten Bildausschnittes. Mit den meisten dieser Stativkameras sind außerdem auch Makroaufnahmen herzustellen.

Auf einige Dinge sollte man bei der Anschaffung besonders der Aufsatzkameras achten, so z. B. auf die Beschaffenheit des Einstellokulars. Es muß eine verstellbare Augenlinse haben, deren Bereich groß genug ist, auch fehlsichtigen

Augen das Einstellen zu ermöglichen. Weiterhin sollte es ein möglichst großes Sehfeld zeigen. Auch die Art des Fadenkreuzes kann für die genaue Justierung von Bedeutung sein. Am besten bewähren sich eng aneinanderliegende Doppelstriche, da sie am leichtesten einzustellen sind. Ebenso wichtig ist das Reflektionsverhältnis des Strahlenteilungsprismas. Das Prisma soll möglichst viel Licht zur Kamera freigeben und nur gerade soviel in das Einstellokular ablenken, wie zur Beobachtung des Bildes nötig ist. Prismen mit $10—15^0/_0$iger Strahlenablenkung sind durchweg ausreichend.

II. Die mikroskopischen Untersuchungsverfahren

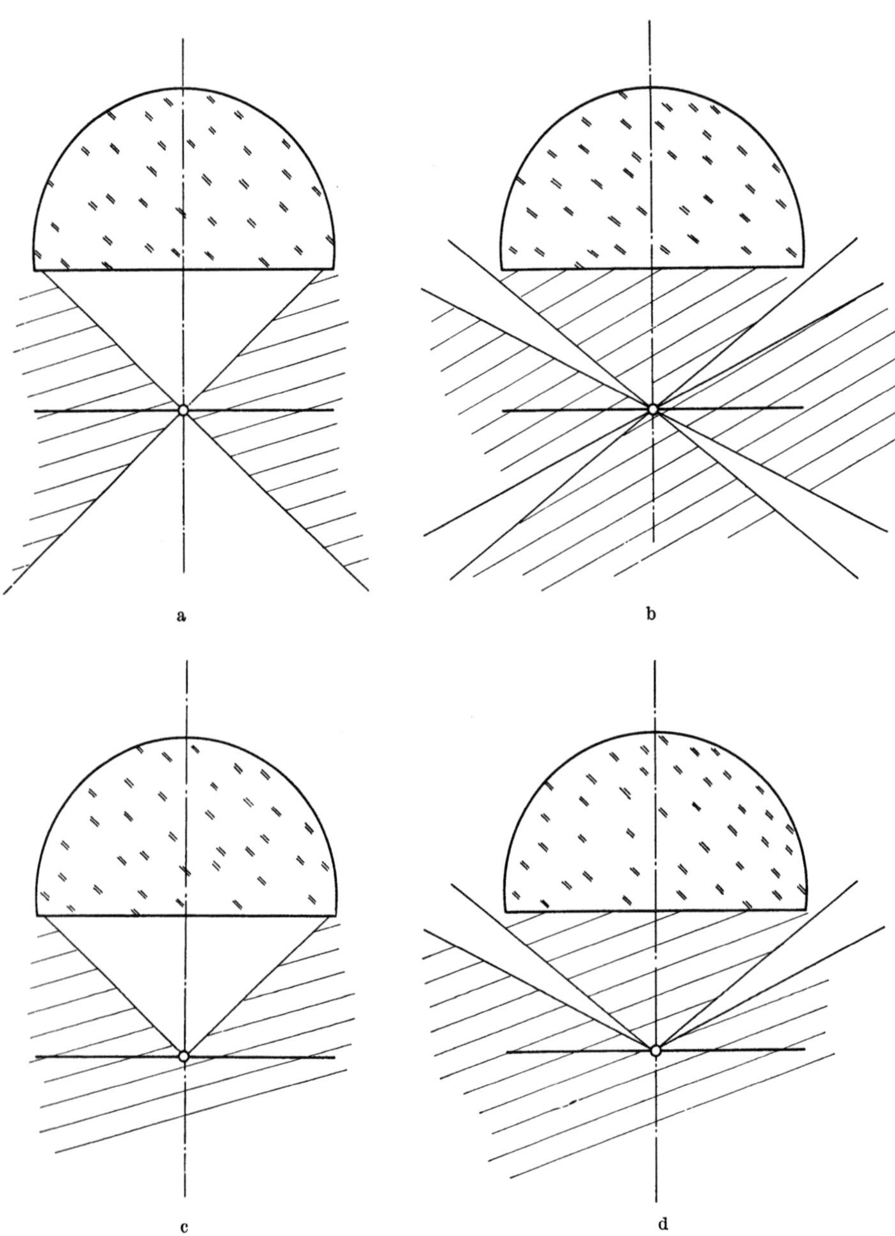

Abb. 22. Schematische Darstellung der vier Beleuchtungsarten: a) Durchlicht-Hellfeld;
b) Durchlicht-Dunkelfeld; c) Auflicht-Hellfeld; d) Auflicht-Dunkelfeld

1. Untersuchungsverfahren im durchfallenden Licht

Aus den bisherigen Ausführungen mag schon deutlich geworden sein, daß neben der zweckmäßigen Zusammenstellung des abbildenden optischen Systems (Objektive und Okulare) die richtige Einstellung und Zentrierung des beleuchtenden Strahlenganges von größter Bedeutung sind. In vielen Fällen der Praxis wird dem beleuchtenden Strahlengang zu wenig Beachtung geschenkt und dadurch die Qualität der photographischen Aufnahmen vermindert. Die Handgriffe, die zur Einstellung des Mikroskops notwendig sind, müssen so beherrscht werden, daß sie ganz selbstverständlich ausgeführt werden.

Aus diesem Grunde sollen die nächsten Kapitel die Einstellungsfolgen mit allen erforderlichen Handgriffen erläutern, also eine praktische Arbeitsanweisung für den Gebrauch des Mikroskops sein.

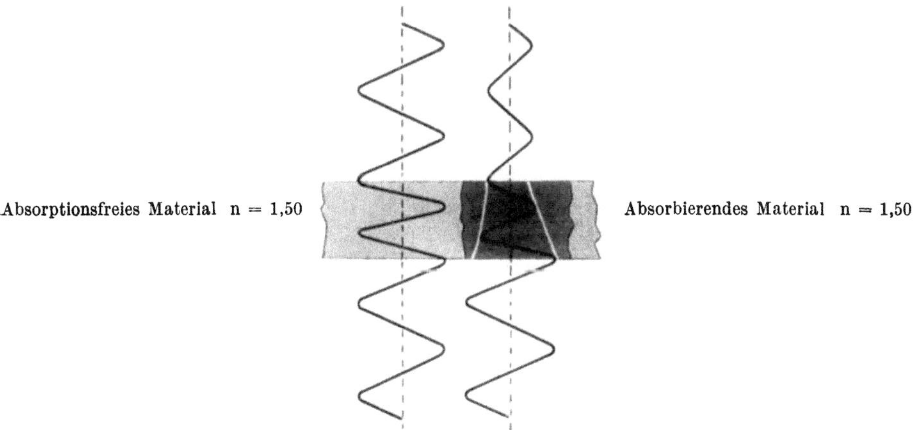

Abb. 23. Hellfelduntersuchungen können nur an Amplituden-Objekten durchgeführt werden. Die durchlaufende Lichtwelle wird durch ein Strukturelement geschwächt, aber nicht in der Phase verschoben

In der Durchlicht-Mikroskopie, die hauptsächlich im biologischen und medizinischen Arbeitsbereich angewandt wird, gibt es drei Untersuchungsarten: Hellfeld — Dunkelfeld — Phasenkontrast.

Bevor auf die einzelnen Untersuchungs- und Einstellungsverfahren näher eingegangen wird, ist es zweckmäßig, sich kurz mit den Objektarten, die mit dem Mikroskop zur Darstellung kommen sollen, zu befassen. Die meisten biologischen Objekte besitzen Strukturelemente, die sich nur in Brechzahl und Dicke von ihrer Umgebung unterscheiden. Die solche Objektteile treffenden Lichtwellen bleiben gegenüber denen, die die Umgebung passieren, etwas zurück oder eilen ihnen voraus. Man bezeichnet diese Eigenschaft als „Phasenverschiebung" und die Objekte entsprechend als „Phasenobjekte". Da das Auge derartige Phasenunterschiede nicht wahrnimmt, müssen diese Objekte für Untersuchungen im Hellfeld angefärbt werden. Dadurch werden die das Objekt durchlaufenden Lichtwellen mehr oder weniger geschwächt und erscheinen durch die unterschiedliche Lichtabsorption dem Auge als helle oder dunkle Strukturelemente. In diesem Fall bezeichnet man die Objekte als „Amplitudenobjekte".

Hieraus ergibt sich, daß Untersuchungen im Hellfeld nur an Amplitudenobjekten durchgeführt werden können. Da es nur wenige Objekte gibt, die eine Anfärbung im lebenden Zustand vertragen (Vitalfärbungen) ist es durchweg erforderlich, die Objekte abzutöten, zu fixieren und anzufärben. Da durch derartige Eingriffe die morphologischen Verhältnisse in nicht übersehbarem Maße gestört werden, müssen zusätzlich andere Untersuchungsarten herangezogen werden, die es erlauben, Phasenobjekte, also Objekte ohne Absorptionsvermögen, auch ohne Anfärbung hinreichend sichtbar zu machen. Neben der „Schiefen Beleuchtung", die nur in ganz speziellen Fällen befriedigende Ergebnisse zeigt, gibt es für diese Objekte die Untersuchungsmöglichkeiten im Dunkelfeld und Phasenkontrast.

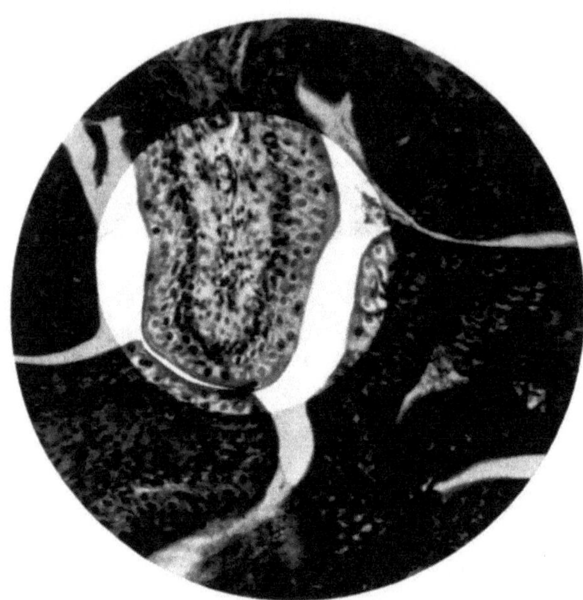

Abb. 24 a—c. Zentrierung der Leuchtfeldblende.
a) Mit Hilfe der Höhenverstellung des Beleuchtungsapparates wird die fast geschlossene Leuchtfeldblende in der Objektebene scharf abgebildet

a) Einstellungsfolge für Untersuchungen im Durchlicht-Hellfeld

Zentrierung der Lichtquelle

Benutzt man ein Mikroskop ohne eingebaute Lichtquelle, wird die Mikroskopierlampe in einer Entfernung von 15—20 cm vom Mikroskop aufgestellt. Vorteilhaft ist es, Mikroskop und Lichtquelle auf einem Grundbrett fest zu verbinden, um ein Dezentrieren während der Arbeit zu vermeiden. Der Lichtstrahl wird zentrisch auf den Mikroskopspiegel geworfen, und von diesem in die optische Achse des Mikroskops abgelenkt. Unter die untere Öffnung des Mikroskopkondensors hält man eine Mattscheibe oder ein Stück

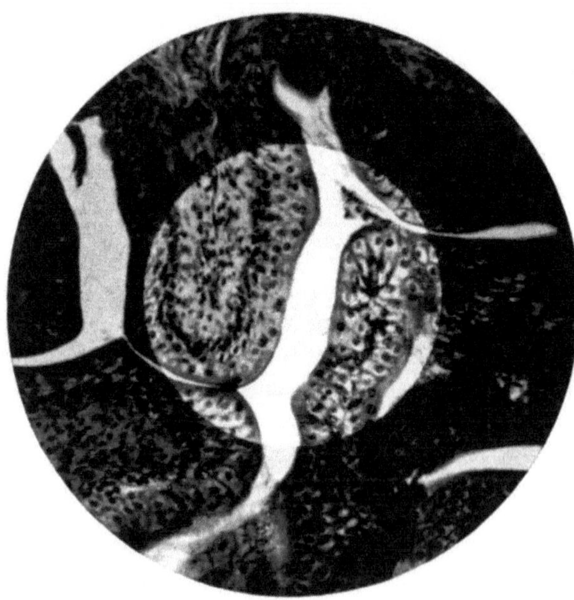

24b. Mit Hilfe der Zentrierschrauben am Kondensor oder des Mikroskopspiegels wird das Blendenbild in die Mitte des Sehfeldes gebracht

Papier und verstellt den Lampenkollektor solange, bis sich die Leuchtwendel auf der Mattscheibe scharf abbilden. (Bei mattierten Kollektoren kann nur der hellste Punkt eingestellt werden.)

Scharfeinstellung des Mikroskops

Nun stellt man das Mikroskop auf die Objektebene scharf ein. Soll anschließend mit starken Vergrößerungen gearbeitet werden, wird grundsätzlich erst mit einem mittelstarken Objektiv (10—20 fach) eingestellt und das Mikroskop zentriert. Bei Objektiven ab 10 facher Eigenvergrößerung muß die Frontlinse des Kondensors in den Strahlengang eingeschaltet sein. Bei verstellbaren Mikroskoptuben achte man auf den richtigen Tubusauszug. Zweckmäßig ist die Verwendung eines Tubusklemmringes, der ein Absinken des Tubus verhindert.

Zentrierung des Kondensors (Einstellung der Leuchtfeldblende)

Nach Scharfeinstellung des Mikroskops wird die Leuchtfeldblende geschlossen und mit Hilfe der Höhenverstellung des Kondensors im Sehfeld scharf abge-

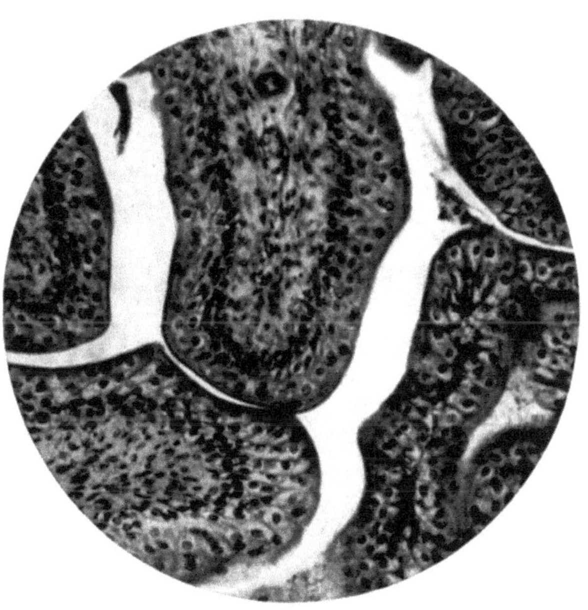

Abb. 24 c. Dann wird die Blende bis zum Rand des Sehfeldes geöffnet

bildet. Außer bei schwachen Vergrößerungen oder falscher Kondensorwahl wird der Beleuchtungsapparat kurz unter dem oberen Anschlag stehen. Sind am Kondensor Zentrierschrauben, wird durch ihre Betätigung das Blendenbild in die Mitte des Sehfeldes gebracht. Bei Mikroskopen ohne zentrierbare Kondensoren muß die Zentrierung der Leuchtfeldblende durch Verstellen des Mikroskopspiegels vorgenommen werden.

Nach Einstellung der Leuchtfeldblende muß die Lichtquelle nachjustiert werden. Dabei läßt man die Lampe fest stehen und zentriert das Leuchtwendelbild mit Hilfe der Zentriervorrichtung des Lampensockels in die Mitte der Kondensoröffnung nach. Anhand der Beugungssäume des Blendenbildes in der Objektebene kann man die Güte der Zentrierung kontrollieren, und zwar muß der Beugungssaum in gleichmäßiger Farbe (Blau oder Rot) erscheinen. Ist das nicht der Fall, sondern erscheint die eine Hälfte des Randes Rot und die andere Blau, ist die Lichtquelle nicht gut zentriert. Am Schluß dieser Einstellung wird zwischen Lichtquelle und Kollektor die dafür vorgesehene Mattscheibe gebracht, und die Leuchtfeldblende bis zum Rand des Sehfeldes geöffnet. Da sich die Größe des Sehfeldes

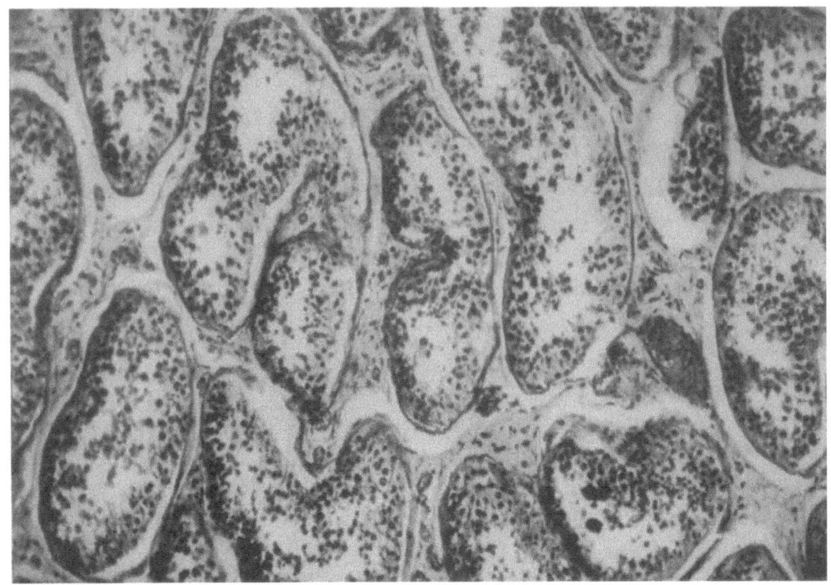

a

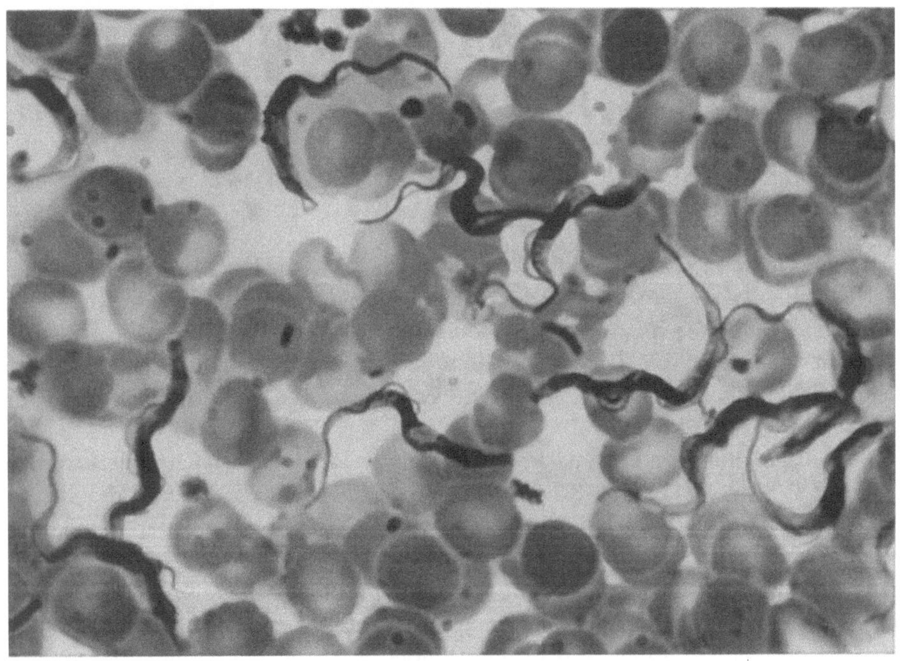

b

Abb. 25. Zwei normale Hellfeldaufnahmen von gefärbten Präparaten

a) Hoden, Vergr. 200 × ;   b) Trypanosomen, Vergr. 1350 ×

beim Wechsel des Abbildungsmaßstabs jeweils ändert, muß die Leuchtfeldblende stets nachgestellt und der entsprechenden Sehfeldgröße angepaßt werden.

Bei modernen Mikroskopen mit eingebauter Lichtquelle ist die Zentrierung nicht so kompliziert, da die Instrumente schon grundjustiert geliefert werden. In den

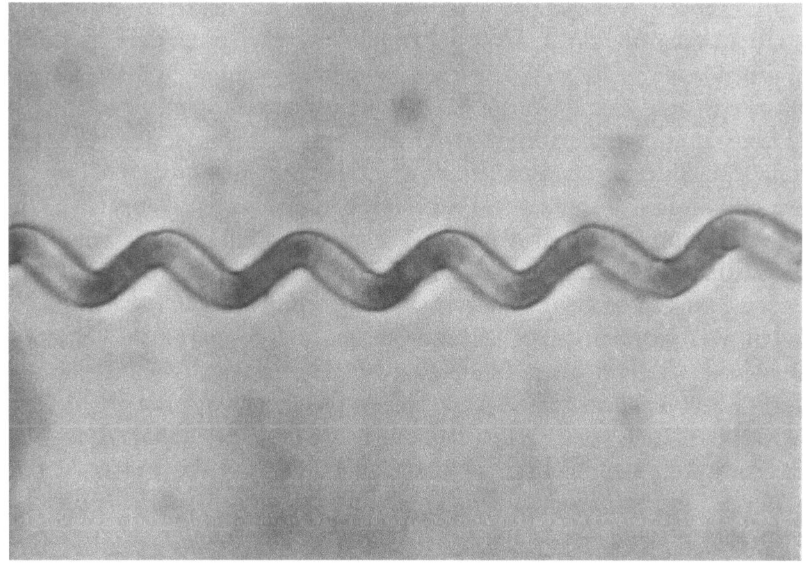

a

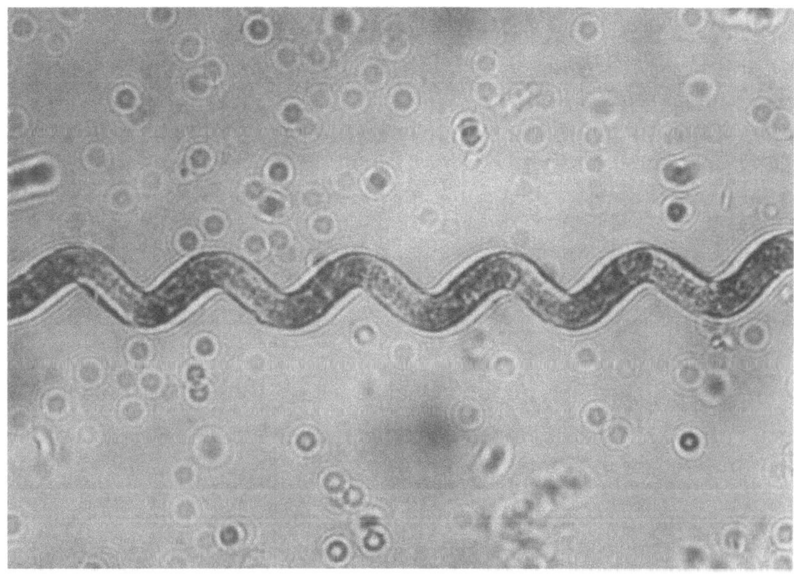

b

Abb. 26. Schwierig ist die Aperturblenden-Einstellung bei Objekten großer Tiefe, wie bei dieser spiralförmig gewundenen Spirulina (Vergr. 800×)   a) Richtige Aperturblenden-Einstellung b) Aperturblende wurde zu stark geschlossen. Es zeigen sich starke Diffraktionssäume um die Objektstruktur. Außerdem treten alle Verunreinigungen des Einbettungsmittels stark hervor

meisten Fällen wird die Zentrierung der Leuchtfeldblende mit Hilfe der vertikalen und horizontalen Verstellung des Kondensors ausreichen.

Damit wäre die Zentrierung des beleuchtenden Systems abgeschlossen.

Einstellung der Aperturblende

In der falschen Einstellung der Aperturblende liegt der häufigste Fehler, der beim Mikroskopieren begangen wird. Da die Apertur des Kondensors in einem bestimmten Verhältnis zur Apertur des Objektivs stehen muß, darf die Einstellung der Aperturblende nicht willkürlich vorgenommen werden. Wird der Lichtkegel zu sehr eingeengt, treten starke Lichtbeugungen am Blendenrand und damit Diffraktionssäume um die Objektstrukturen auf.

Man läßt sich hier gerne täuschen, da der Eindruck einer größeren Tiefenschärfe und eines besseren Kontrastes erweckt wird. Ein sehr viel größeres Übel tritt aber ein: das Auflösungsvermögen wird stark vermindert und die Bildqualität leidet um ein Vielfaches. Es kann sogar soweit führen, daß nicht vorhandene Objektstrukturen durch diese Beugungserscheinungen vorgetäuscht werden.

Eine zu weit geöffnete Aperturblende macht sich wiederum in kontrastarmen und verschleierten bzw. überstrahlten Bildern bemerkbar.

Da sich die Einstellung der Aperturblende nicht nur nach der Objektivapertur richtet, sondern auch von der Beschaffenheit des Objektes abhängig ist, läßt sich schwer eine feste Faustregel für sie finden. Bei gefärbten Präparaten, deren Kontraste durch Absorptionsunterschiede gebildet werden, wird man die Aperturblende weniger schließen müssen als bei Objekten, deren Kontraste durch Brechungsunterschiede hervorgerufen werden.

Es gibt eine Kontrollmöglichkeit, die wenigstens annähernd die richtige Blendeneinstellung überprüfen läßt. Nach Entfernung des Okulars kann man das Bild der Aperturblende auf der hinteren Objektivlinse beobachten. Das Blendenbild soll niemals größer als die Objektivöffnung und im allgemeinen nicht kleiner als ein Viertel derselben sein.

Hieraus erkennt man bereits, wie schwierig die Beurteilung der richtigen Aperturblendeneinstellung ist und es gehört schon etwas Erfahrung dazu, die für das Objekt günstigste Blendeneinstellung zu finden. Man lasse sich also niemals von scheinbarer Kontrast- und Tiefenschärfe-Wirkung täuschen, sondern achte bei der Blendeneinstellung stets auf auftretende Diffraktionssäume um die Objektstrukturen. Wenn diese erscheinen, ist die Blende zu stark geschlossen. Man öffne sie wieder soweit, daß diese Erscheinungen gerade verschwinden.

b) Einstellungsfolge für Untersuchungen im Durchlicht-Dunkelfeld

Allgemeines

Objekte, die sich im Hellfeld von ihrer Umgebung nicht kontrastreich genug abheben und eine Anfärbung nicht zulassen, können im Dunkelfeld untersucht werden. Vorwiegend wird es sich dabei um durchsichtige Objekte handeln, deren Brechungsindex sich nur wenig von dem des Einbettungsmittels unterscheidet, wie Protozoen, pflanzliche Zellen u. dgl. Darstellungen im Dunkelfeld sind durch ihre kontrastreiche und plastische Wirkung sehr eindrucksvoll. Da sich das Auflösungsvermögen bei schräger Beleuchtung erhöht, ist vielfach eine schwächere

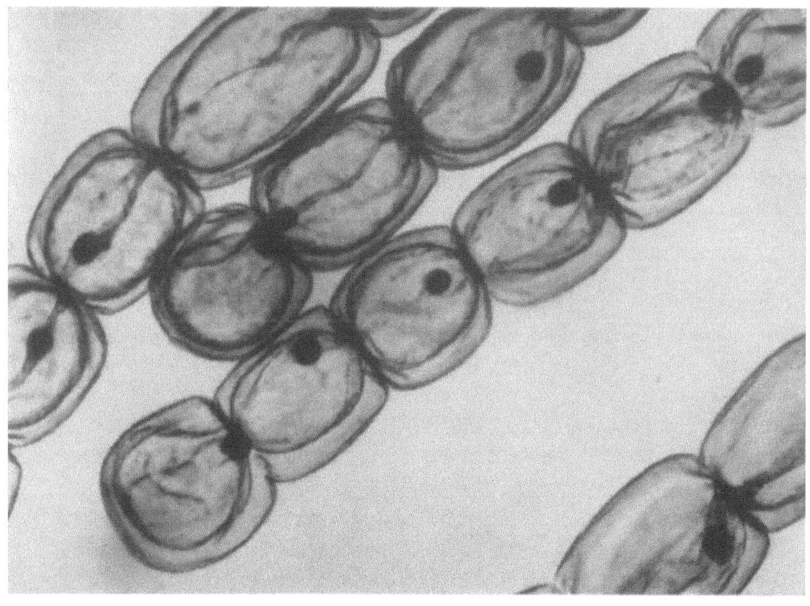

a

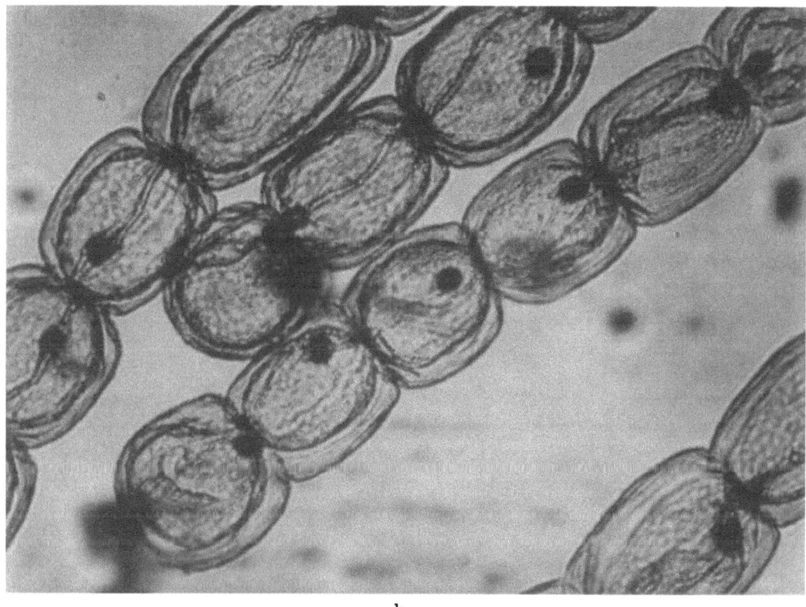

b

Abb. 27. Bei sehr transparenten Objekten muß die Aperturblende mit größter Vorsicht eingestellt werden. (Haare der Staubblätter von Tradescantia virginica, Vergr. 180 ×.)

a) Richtige Aperturblenden-Einstellung

b) Aperturblende wurde zu stark geschlossen. Im Innern des Objektes werden Strukturelemente vorgetäuscht, die gar nicht vorhanden sind. Man lasse sich nicht durch scheinbar bessere Kontraste und Tiefenwirkung tauschen

3 Heunert, Mikrophotographie, 2. Aufl.

Vergrößerung ausreichend und läßt schon feinste Strukturelemente wie Geißeln, Wimpern u. dgl. erkennen. In den meisten Fällen werden aber nur die Außenstrukturen der Objekte gut dargestellt, die inneren dagegen nur schwach, bei kleinen Objekten teilweise überhaupt nicht.

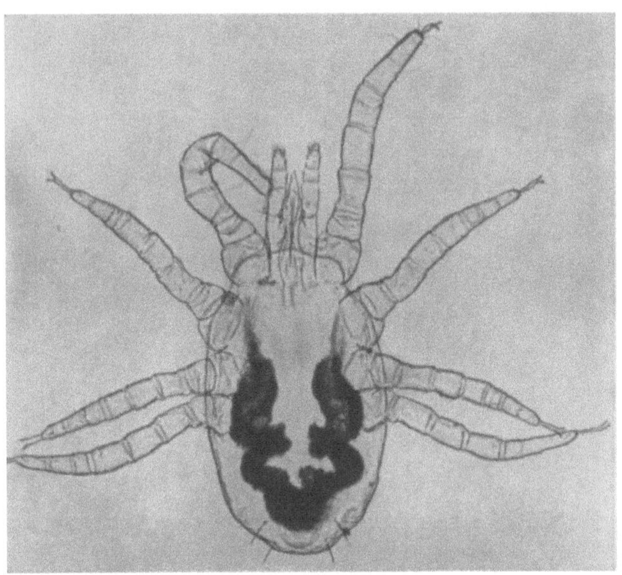

a

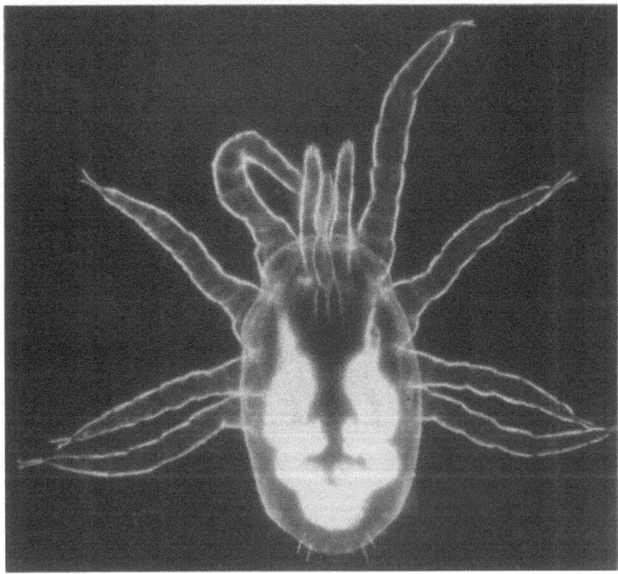

b

Abb. 28. Vergleichsdarstellung der Aufnahmen eines Objektes im Hellfeld (a) und im Dunkelfeld (b) (Milbe, Vergr. 180×)

Bei der Dunkelfeldbeleuchtung verlaufen die beleuchtenden Lichtstrahlen nicht mehr direkt durch das Objekt in das Objektiv, sondern sie werden schräg auf das Objekt geleitet, so daß nur die an den Objektstrukturen abgebeugten Strahlen vom Objektiv erfaßt werden. Um diese Beleuchtungseffekte zu erzielen sind besondere Kondensoren erforderlich. Die nebenstehende Abbildung veranschaulicht den Strahlengang in derartigen Dunkelfeldkondensoren. Die Lichtstrahlen werden

Abb. 29. Strahlengang in Dunkelfeldkondensoren
a) Immersionsdunkelfeldkondensor; b) Trockendunkelfeldkondensor

von einer verspiegelten Zentralblende auf einen ringförmigen Spiegel oder prismatischen Körper abgelenkt und anschließend allseitig schräg auf das Objekt geworfen.

Man unterscheidet im allgemeinen zwei Arten von Dunkelfeldkondensoren: Die Trocken-Kondensoren mit einer durchschnittlichen n.A. zwischen 0,60 und 0,90 und die Immersionskondensoren mit einer n.A. zwischen 1,20 und 1,30. Wie der Name schon andeutet können die letztgenannten Kondensoren nur mit Immersionsöl gebraucht werden.

Auch bei der Dunkelfeldbeleuchtung müssen die Aperturen von Kondensor und Objektiv aufeinander gut abgestimmt sein. Hierbei muß die Apertur des Kondensors stets etwas größer sein, als die des Objektivs. Das Verhältnis der Aperturwerte läßt sich nicht genau festlegen, da es jeweils von dem Winkel des Strahlenkegels und dem Objektivabstand abhängig ist. Um das richtige Aperturverhältnis zu erhalten, ist es notwendig, in das Objektiv eine Iris- oder Trichterblende einzusetzen, um die Objektiv-Apertur, der des Kondensors anzupassen. Derartige Blenden werden zu den Kondensoren mitgeliefert. Außerdem gibt es spezielle Dunkelfeld-Objektive, meist Fluoritsysteme oder Apochromate, die bereits mit Irisblenden ausgestattet sind.

Um ein gutes Dunkelfeldbild zu erhalten, müssen verschiedene Dinge besonders beachtet werden:

Die Deckgläser dürfen nicht zu dick sein. Möglichst sollte man sie unter 0,17 mm wählen. Es empfiehlt sich also, seine Deckgläser durchzumessen und die dünnsten für die Dunkelfeld-Mikroskopie zu reservieren. Auch die Objektträgerdicke sollte nicht stärker als 1 mm sein. Erst die Einhaltung dieser Vorschriften führt zu befriedigenden Dunkelfeld-Darstellungen.

Erstes Gebot für das Arbeiten im Dunkelfeld ist Sauberkeit. Jedes kleinste Schmutzteilchen oder Luftbläschen im Einschlußmittel, Glas oder Immersionsöl leuchtet in der Dunkelfeldbeleuchtung mit auf und wirkt als störendes Element. Die Einschlußmittel, in denen die Objekte lagern, sollten vorher sorgfältig zentrifugiert und filtriert werden. Gefärbte Präparate sind für die Dunkelfeld-Mikroskopie nicht geeignet. Dagegen erhält man von lockeren Geweben einiger mariner Organismen recht gute Dunkelfeld-Wiedergaben.

Zentrierung der Lichtquelle

Wie bei der Hellfeldbeleuchtung bewährt sich auch im Dunkelfeld die Köhlersche Beleuchtungsanordnung am besten. Man gehe also zunächst bei der Zentrierung der Lichtquelle genau so vor, wie es bereits bei der Hellfeldeinstellung beschrieben ist. Vorteilhaft ist es sogar, die Zentrierung der Lichtquelle mit einem Hellfeldkondensor vorzunehmen, und diesen dann ohne die Einstellung zu verändern durch einen Dunkelfeldkondensor auszuwechseln. Man kann sich die Einstellung erleichtern, in dem man vor dem Einsetzen von Kondensor, Objektiv und Okular auf den Tubus eine Mattscheibe legt und den Spiegel sowie Lampenkollektor solange verstellt, bis auf der Mattscheibe in der Mitte der Tubusöffnung ein gleichmäßig heller Lichtfleck entsteht.

Scharfeinstellung des Mikroskops

Nach Einsetzen des Dunkelfeldkondensors in den Beleuchtungsapparat wird zunächst mit einem schwachen Objektiv auf das Objekt scharf eingestellt, um ein möglichst großes Sehfeld zu erhalten. Bei Trockenkondensoren verwende man zum Justieren Objektive mit 3,5—6 facher Eigenvergrößerung, bei Immersionskondensoren Objektive mit 10 facher Eigenvergrößerung. Arbeitet man mit einem Immersionskondensor, wird Öl luftblasenfrei auf die Frontlinse des Kondensors gebracht und der Beleuchtungsapparat soweit gehoben, bis der Öltropfen den Objektträger berührt.

Zentrierung des Kondensors

Bei der Scharfeinstellung wird man im Sehfeld auf dunklem Grund eine ringförmig erleuchtete Zone erkennen. Mit Hilfe der Zentrierschrauben des Kondensors wird die ringförmige Zone in die Mitte des Sehfeldes gebracht. Durch Heben oder Senken des Kondensors wird die ringförmig erleuchtete Zone in einen kleinen hell leuchtenden Punkt zusammengezogen. Dann wird die Leuchtfeldblende geschlossen und der Kondensor bis zur Scharfabbildung der Blende nachjustiert.

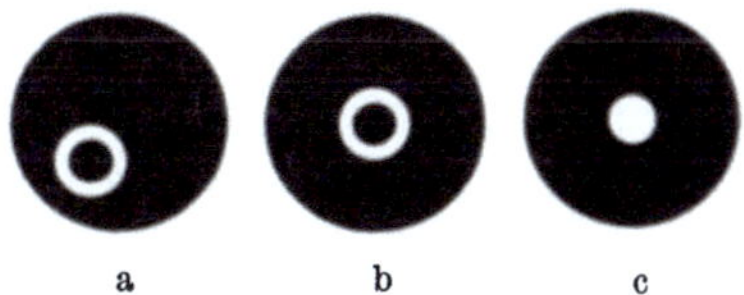

Abb. 30. Schematische Darstellung der Zentrierung des Lichtringes bei Dunkelfeld-Einstellungen. a) Bei Verwendung eines schwachen Objektivs ist im Sehfeld ein Lichtring zu erkennen; b) mit Hilfe der Zentrierschrauben am Kondensor wird der Lichtring in die Mitte des Sehfeldes gebracht; c) durch Höhenverstellung des Kondensors wird der Lichtring in einen hellen zentrischen Fleck zusammengezogen

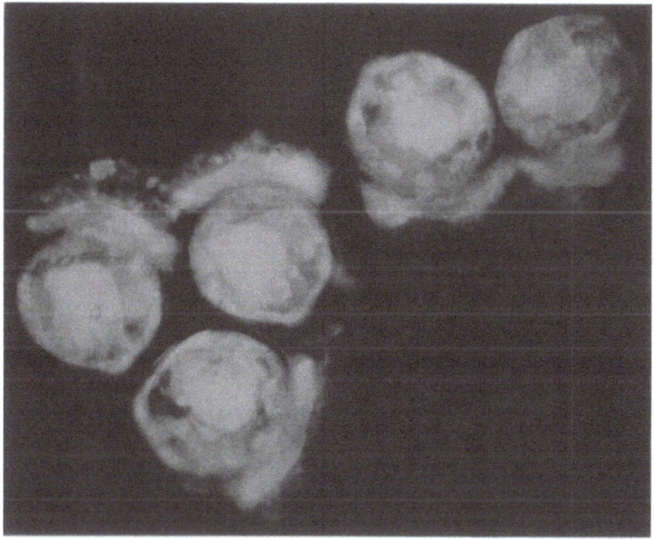

Abb. 31. Die Aperturen von Kondensor und Objektiv müssen zur Erzielung eines einwandfreien Dunkelfeldes gut abgestimmt sein. Besonders bei dicken Objekten ergeben sich leicht Überstrahlungen, die durch Trichter- oder Irisblenden im Objektiv ausgeschaltet werden (Austernlarven, Vergr. 270 ×)

Anschließend wird das Objektiv, mit dem gearbeitet werden soll, eingeschaltet. Man achte darauf, daß das Objektiv mit der dazugehörenden Dunkelfeldblende ausgestattet ist. Nach Öffnen der Leuchtfeldblende bis zum Sehfeldrand wird sofern eine Irisblende Verwendung findet, diese soweit angezogen, bis die Überstrahlungen im Bildfeld fortfallen und ein klar strukturiertes Bild erscheint. Der Untergrund muß absolut schwarz sein. Ist dieses nicht der Fall, wurde aber die Einstellung sorgfältig vorgenommen, kann der Fehler nur an zu dicken Deckgläsern oder Objektträgern liegen.

c) Einstellungsfolge für Untersuchungen im Durchlicht-Phasenkontrast

Allgemeines

Zur Untersuchung von Phasenobjekten wird heute in der Regel das von F. ZERNIKE 1932 entwickelte Phasenkontrastverfahren angewandt. Mit diesem

Abb. 32. Im Dunkelfeld muß mit sehr sauberen Präparaten gearbeitet werden. Verunreinigungen im Einbettungsmittel wirken, wie dieses Bild zeigt, sehr unschön (Pleurosigma, Vergr. 150×)

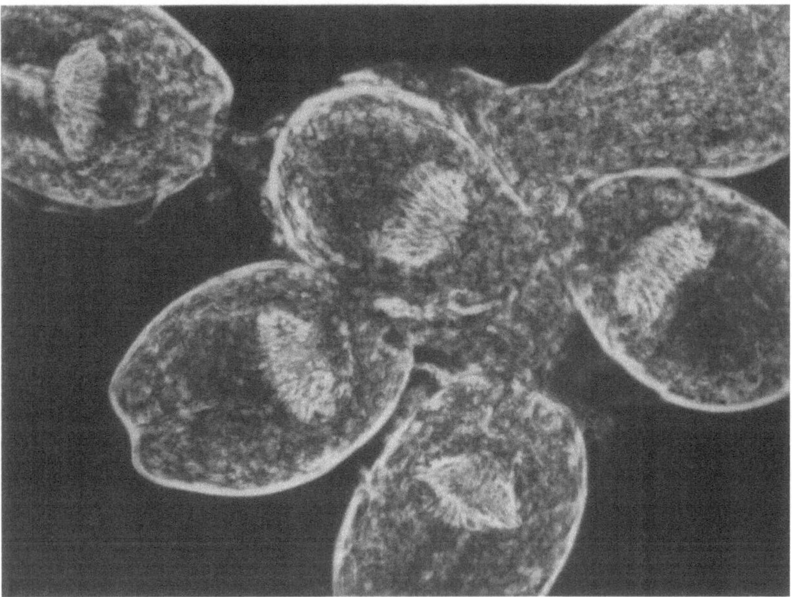

Abb. 33. Sorgfältige Zentrierung und Sauberkeit bei der Arbeit wird stets mit guten Dunkelfeld-Darstellungen belohnt (Echinococcus veterinorum, Brutkapsel, Vergr. 150×)

Verfahren werden praktisch Phasenobjekte in Amplitudenobjekte umgewandelt, aber nicht mehr durch Manipulationen am Objekt, sondern durch einen optischen Eingriff in den Strahlengang. Dieser Eingriff bewirkt, daß die Phasenunterschiede

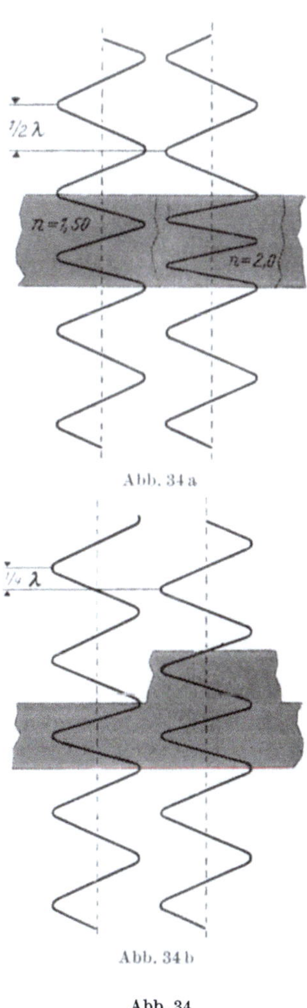

Abb. 34
Beeinflussung einer durch ein Phasenobjekt verlaufenden Lichtwelle
a) Die durch ein Objekt größerer
Brechzahl laufende Lichtwelle bleibt
zurück (hier ½ λ also ½ Wellenlänge)
b) die durch einen dickeren Bereich
eines Objektes laufende Lichtwelle
bleibt zurück (hier ¼ λ also ¼ Wellenlänge)

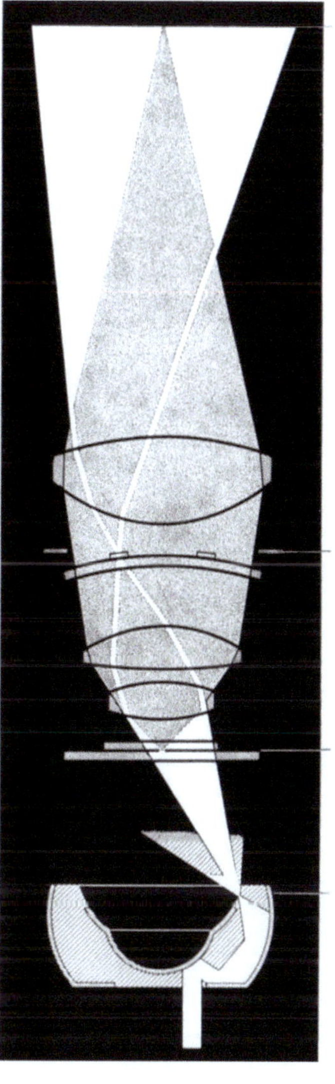

Abb. 35
Strahlengang im Phasenkontrastmikro-
skop (Leitz-Phasenkontrasteinrichtung
nach HEINE)

d) Die Überlagerung des direkten Lichts — am Phasenring ¼ Wellenlänge vorauseilend und zugleich geschwächt — mit dem am Objekt gebeugten Licht ergibt im Bildfeld positiven Phasenkontrast. Ein optisch dichteres Objekt erscheint dunkel auf hellem Grund

c) Der Phasenring läßt das in der Aperturebene ringförmig zusammengefaßte Beleuchtungsbündel um ¼ Wellenlänge vorauseilen und schwächt es gleichzeitig. Das am Objekt gebeugte Licht ist über die hintere Brennebene verteilt. Es wird vom Phasenring praktisch nicht beeinflußt

b) Am Objekt wird Beleuchtungslicht abgebeugt (grau gezeichnet) und an einem Phasenobjekt zugleich gegenüber dem direkten Licht in der Phase verschoben

a) Das Beleuchtungsbündel tritt als weit geöffneter Hohlkegel aus dem Spiegelkörper des Heine-Kondensors. Um das Bild übersichtlich zu halten, ist nur eine Hälfte des Beleuchtungslichts gezeichnet

im Objekt in Amplitudenunterschiede, also in sichtbare Helligkeitsunterschiede, umgewandelt werden. Hierzu ist es erforderlich, das direkte Licht um eine Viertel Wellenlänge gegenüber dem gebeugten Licht vorauseilen zu lassen oder zurückzuhalten. Außerdem bewirkt eine zusätzliche Schwächung des direkten Lichtes eine Steigerung der Kontraste. Um dieses zu erreichen, wird der Kondensor mit einer ringförmigen Aperturblende ausgestattet, die in der hinteren Brennebene des Objektivs als Lichtring abgebildet wird. An diese Stelle bringt man einen

„Phasenring", ein ringförmiges Plättchen bestimmter Dicke und Absorption. Wird das durch den Phasenring verlaufende Licht um eine Viertel Wellenlänge vorausgeschickt und gleichzeitig geschwächt, dann entsteht bei der Überlagerung von direktem und gebeugtem Licht im Bild ein „positiver Phasenkontrast", d.h. Objektteile mit größerer Dicke und Brechzahl als ihre Umgebung werden im Bild dunkler, Objekte kleinerer Dicke und Brechzahl heller als ihre Umgebung wiedergegeben. Hält der Phasenring das direkte Licht um eine Viertel Wellenlänge zurück, erhält man gegenteilige Kontrastwerte oder „negativen Phasenkontrast".

Für die Phasenkontrast-Mikroskopie benötigt man besondere Einrichtungen, die aber heute für fast alle Mikroskopstative geliefert werden. Sie bestehen aus den Phasenkontrastobjektiven und -kondensoren.

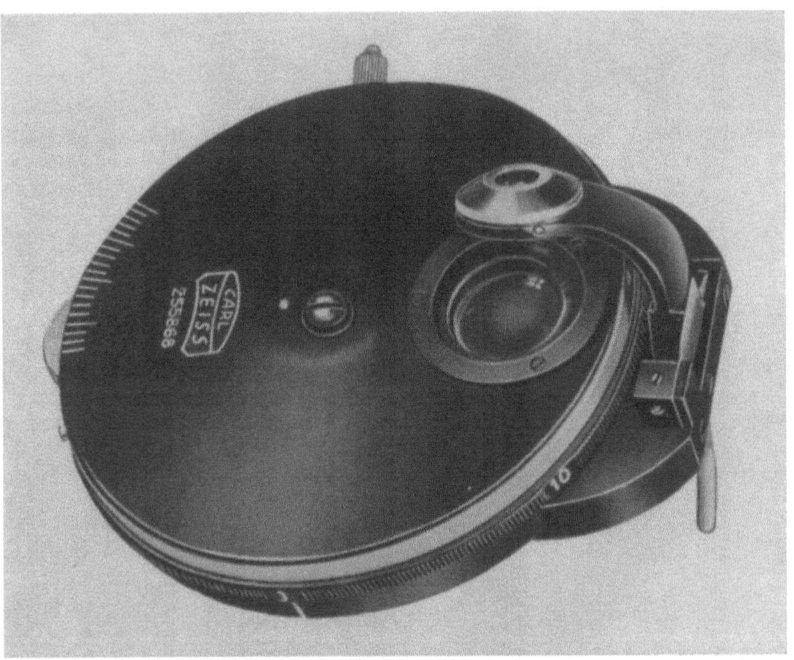

Abb. 36. Phasenkontrastkondensor von Zeiss, bei dem die Ringblenden für die einzelnen Objektive auf einer Drehscheibe angeordnet sind

Phasenkontrastobjektive

Die Objektive, meist Fluoritsysteme oder Apochromate, sind in der hinteren Brennebene mit einem Phasenring versehen. Einige optische Werke liefern ihre Objektive mit Phasenringen unterschiedlicher Absorptionen, so z.B. mit einer stärkeren, für die Untersuchung von Objekten, deren Unterschied im Brechungsindex zwischen der darzustellenden Struktur und dem Umfeld sehr gering ist. Mit diesen Objektiven wird eine verstärkte Kontrastwirkung erzielt. Weiterhin gibt es Objektive mit Phasenringen, die einen negativen Phasenkontrast bewirken. Die Phasenkontrastobjektive sind mit der Gravur Ph oder Pv ausgezeichnet und werden in gut abgestimmten Vergrößerungsbereichen geliefert.

Phasenkontrastkondensoren

Der Phasenkontrastkondensor ist im Grunde ein normaler Hellfeldkondensor, der mit einer dem Phasenring des Objektivs angepaßten, ringförmigen Aperturblende ausgestattet ist. Da die Phasenringe der Objektive unterschiedlich groß sind, muß der Kondensor mit mehreren auswechselbaren Ringblenden versehen sein. In den meisten Fällen sind die Blenden auf einer Drehscheibe befestigt, mit den entsprechenden Objektivbezeichnungen versehen und lassen sich wahlweise in den Strahlengang einschalten. Viele Kondensoren sind bereits wechselweise für Hellfeld, Phasenkontrast und Dunkelfeld zu benutzen, wobei aber die Dunkelfelddarstellung vielfach zu wünschen übrig läßt.

Abb. 37

Phasenkontrastkondensor von Leitz mit in der Höhe verstellbarem Spiegelkörper

Die Firma Leitz ist von dieser zuerst von Zeiss, Jena entwickelten Kondensorform abgegangen und hat nach Heine einen Kondensor mit Spiegelkörper, in der Art eines Dunkelfeldkondensors, gebaut, der durch Höhenverstellung des Spiegelkörpers einen stufenlosen Übergang von einer Beleuchtungsart zur anderen zuläßt.

Zentrierung von Lichtquelle und Kondensor

Die Zentrierung der Lichtquelle und des Kondensors (Leuchtfeldblendeneinstellung) wird bei der Phasenkontrasteinstellung zunächst genauso vorgenommen, wie sie bereits im Kapitel der Hellfeldbeleuchtung beschrieben wurde. Hierzu benutzt man den Hellfeldteil des Phasenkontrastkondensors.

Beim Heine-Kondensor von Leitz wird die Lichtquelle zentriert, indem man Kondensor, Objektiv und Okular entfernt, auf den Tubus eine Mattscheibe legt und Lampenfassung, Kollektor und gegebenenfalls Spiegel so einjustiert, daß auf der Mattscheibe in der Mitte der Tubusöffnung ein gleichmäßig heller Lichtpunkt entsteht.

Zentrierung der Ringblende

Nach Wahl des Objektivs wird die entsprechende Ringblende im Kondensor eingeschaltet. Statt des Okulars wird das zur Phasenkontrasteinrichtung gehörende

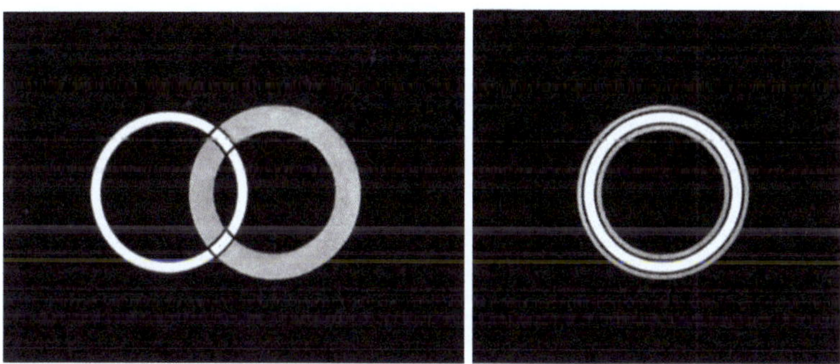

a   b

Abb. 38. Schematische Darstellung der Zentrierung der Ringblende zum Phasenring
a) Dezentrierte Ringblende; b) gut zentrierte Ringblende. Nur wenn sich Ringblende und Phasenring einwandfrei decken, ist die Gewähr für ein gutes Phasenkontrastbild gegeben

Hilfsmikroskop in den Tubus gesetzt. Durch dieses Hilfsmikroskop erkennt man die Ringblende des Kondensors und den Phasenring des Objektivs. Mit Hilfe der Zentriervorrichtung am Kondensor wird die Ringblende mit dem Phasenring zur Deckung gebracht. Von dieser Zentrierung, die sehr sorgfältig vorgenommen

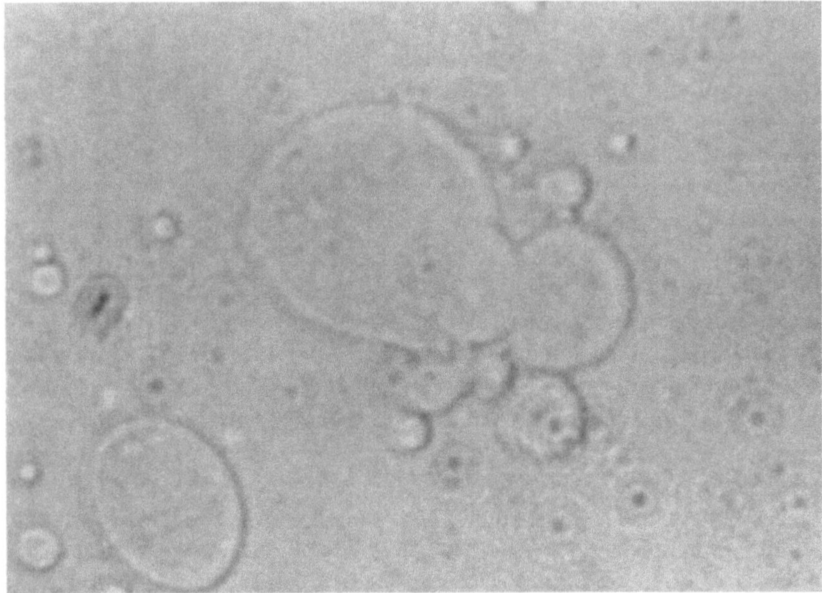

a

b

Abb. 39. Vergleichsdarstellung von Aufnahmen eines Objektes im Hellfeld (*a*) und
Phasenkontrast (*b*) (Hefezellen, Vergr. 1250 ×)

werden muß, hängt die Güte der Phasenkontrasteinstellung ab. Dann wird das
Okular wieder eingesetzt. Bei jedem Objektivwechsel und somit auch Blenden-
wechsel ist die Justierung der neuen Ringblende erforderlich.

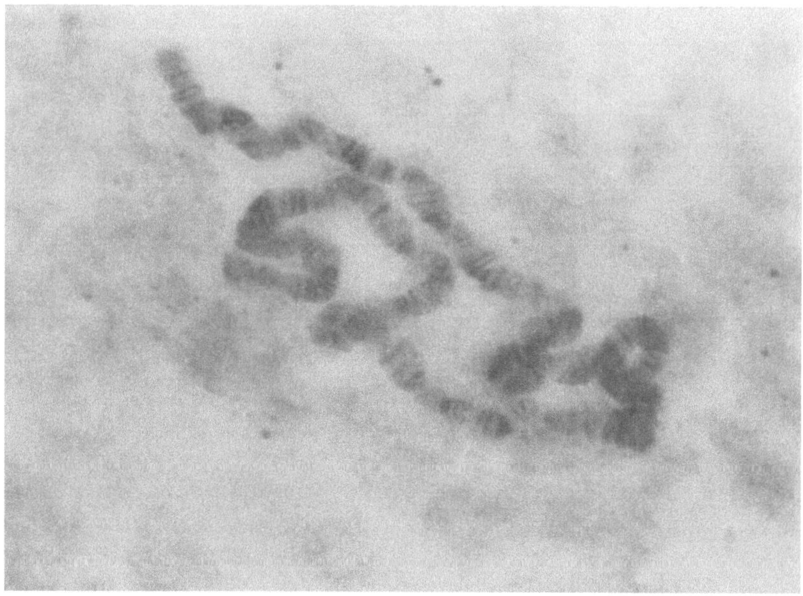

a

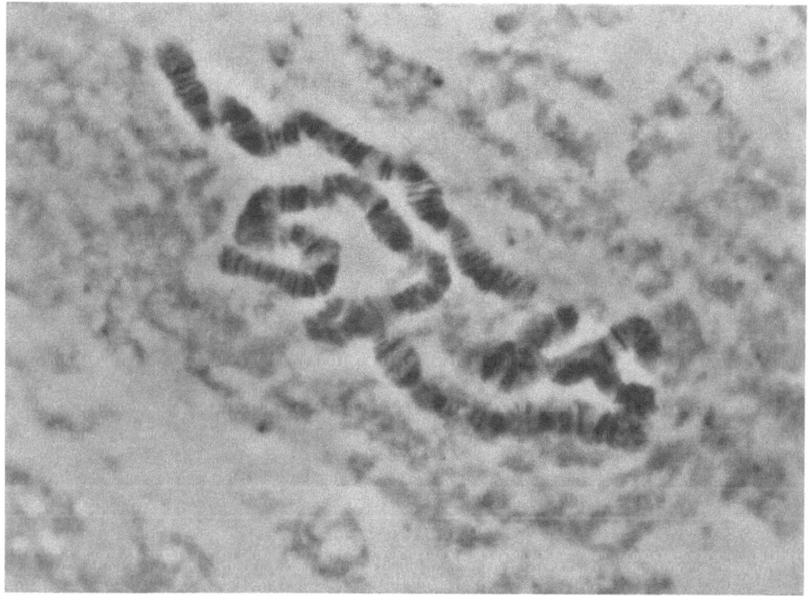

b

Abb. 40. Auch zart angefärbte Präparate, die im Hellfeld keinen ausreichenden Kontrast
zeigen (a), lassen sich im Phasenkontrast gut darstellen (b) (Riesenchromosomen aus der
Speicheldrüse der Drosophila, Vergr. 1500×)

Am Heine-Kondensor von Leitz sind keine unterschiedlichen Ringblenden vorhanden. Hier wird die ringförmige Kondensoröffnung, wie bereits erwähnt, durch

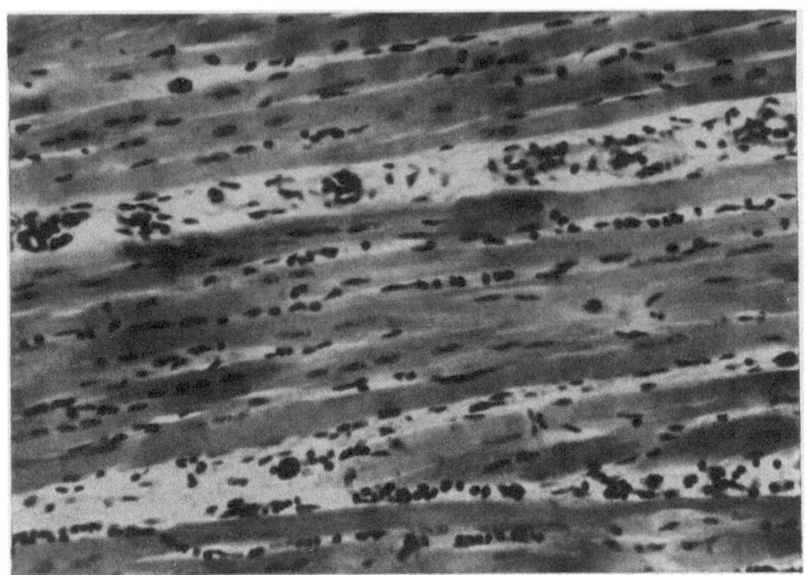

a

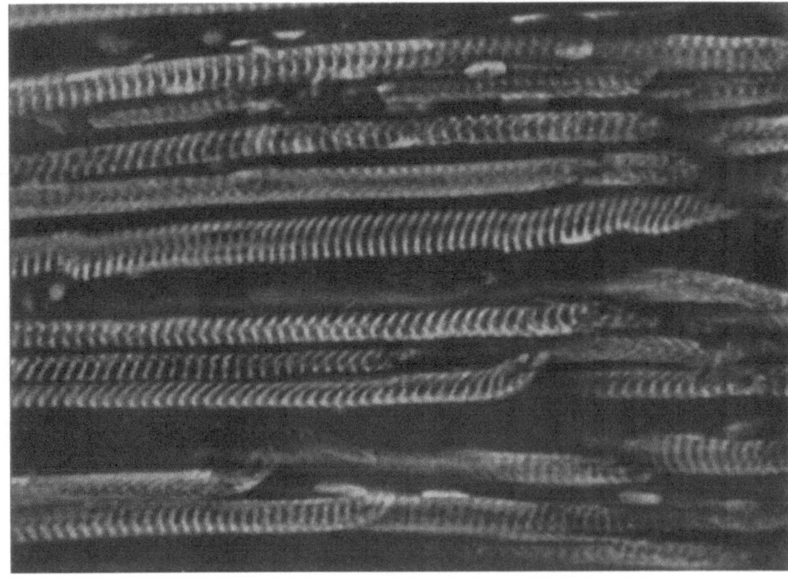

b

Abb. 41. Vergleichsaufnahmen eines Muskelfaser-Präparates

a) Gefärbt im Hellfeld, b) ungefärbt im Phasenkontrast und polarisiertem Licht. Erst in dieser Darstellungsart wird die Querstreifung sichtbar

einen Spiegelkörper, ähnlich dem des Dunkelfeldkondensors erzeugt. Um die Größe des Lichtringes auf die Größe des jeweils verwandten Phasenringes zu bringen, wird der Spiegelkörper in seiner Hülsenführung vertikal verstellt. Die beiden Ringe werden mit Hilfe der Zentrierschrauben am Kondensor zur Deckung gebracht.

2. Untersuchungsverfahren im auffallenden Licht

Objekte, die nicht transparent sind und deren Oberflächen von Interesse sind, werden im auffallenden Licht untersucht. Es wird sich in der Hauptsache um Untersuchungen der Oberflächen von Metallen, Kunststoffen, Textilien und Papierprodukten handeln. Aber auch für Untersuchungen im biologischen und medizinischen Bereich wird die Auflicht-Mikroskopie herangezogen, z. B. Untersuchung von Insektenteilen, Pflanzenteilen, Embryonen, Knochen, Gefäßen, Haut- und Organoberflächen u. a. m.

Im Rahmen dieses Buches ist es nicht möglich, auf alle spezielle Arbeitsgebiete der Auflicht-Mikroskopie einzugehen. Sie sind zu vielfältig und oft mit meßmethodischen Arbeitsgängen verbunden, die mit der Mikrophotographie als solches nichts mehr zu tun haben. Eines dagegen ist für alle Arbeitsgebiete gleich wichtig, nämlich die sorgfältige Zentrierung und Einstellung des Mikroskops. Erst an einem wirklich gutem Bild können genaue Meßergebnisse erzielt werden. Aus diesem Grunde soll hier nur die Methode der exakten Bildeinstellung behandelt werden.

Wie in der Durchlichtmikroskopie gibt es im Auflichtbereich ebenfalls drei verschiedene Beleuchtungsarten, die jeweils verschiedene apparative Einrichtungen erfordern.

a) Einstellungsfolge für Untersuchungen im Auflicht-Hellfeld

Allgemeines

Auflicht-Hellfelduntersuchungen werden ausschließlich an geschliffenen und polierten Oberflächen durchgeführt. Es wird sich also hauptsächlich um die Betrachtung von Metallanschliffen handeln. Hierzu benötigt man einen Opakilluminator, bei dem das Licht über ein Planglas oder Prisma in die optische Achse und durch das Objektiv auf das Objekt geleitet wird. Die Beleuchtungsanordnung ist ähnlich der der Hellfeldmikroskopie im Durchlicht, nur die Blenden sind unterschiedlich angeordnet. Beim Opakilluminator liegt die Aperturblende näher zur Lichtquelle als die Bildfeldblende (Leuchtfeldblende). Dieses ist durch die Konstruktion der Einrichtung bedingt, bei der wie bereits erwähnt, das Objektiv der eigentliche Kondensor ist. Zur Ablenkung der Lichtstrahlen in die optische Achse ist wahlweise einschaltbar ein Planglas und ein Prisma eingebaut. Für die subjektive Beobachtung und Photographie wird nur das Planglas benutzt, da es die volle Apertur des Objektivs ausnutzt und damit die beste Auflösung gewährleistet. Das Prisma wird vorwiegend für polarisationsoptische Untersuchungen und für Reflexionsmessungen gebraucht. Man lasse sich bei normalen Arbeiten nicht durch die größere Helligkeit zur Verwendung des Prismas verleiten. Die Auflösung mit Prisma ist um ein Beträchtliches geringer als mit Planglas.

Neben dem Opakilluminator (Leitz), der nur für Hellfelduntersuchungen geeignet ist, werden von anderen Firmen, z. B. von Zeiss, Universalauflichtkondensoren hergestellt, die wechselweise für Hellfeld- und Dunkelfelduntersuchungen benutzt werden können.

Für die Auflicht-Hellfeldmikroskopie gibt es zwei Mikroskoptypen, die beide unter der Bezeichnung „Metallmikroskope" geführt werden (siehe Mikroskoptabelle). Hierbei handelt es sich einmal um den bereits bekannten, normalen Mikroskoptyp, zum anderen um das umgekehrte Mikroskop, bei dem der abbildende optische Teil unterhalb des Mikroskoptisches angeordnet ist. Da die zu untersuchende Oberfläche absolut planparallel unter der Objektivöffnung liegen muß, ist es bei dem erstgenannten Mikroskoptyp erforderlich, die Metallprobe mit einer Handpresse in Plastilin einzubetten. Bei umgekehrten Mikroskopen kann die Metallprobe mit der angeschliffenen Oberfläche nach unten auf den Mikroskoptisch gelegt werden.

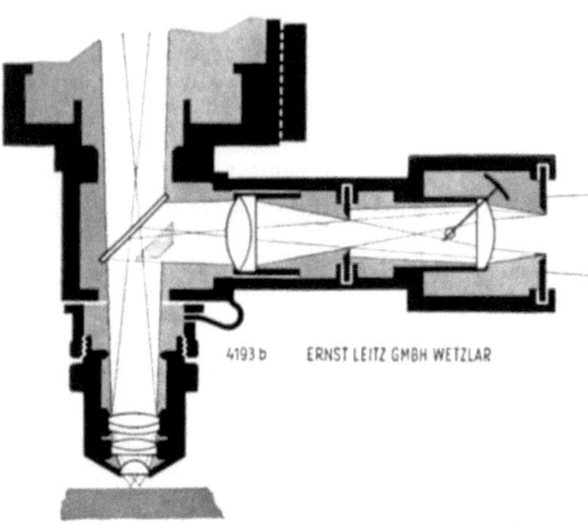

Abb. 42. Schnittzeichnung mit Beleuchtungsschema des Opakilluminators von Leitz

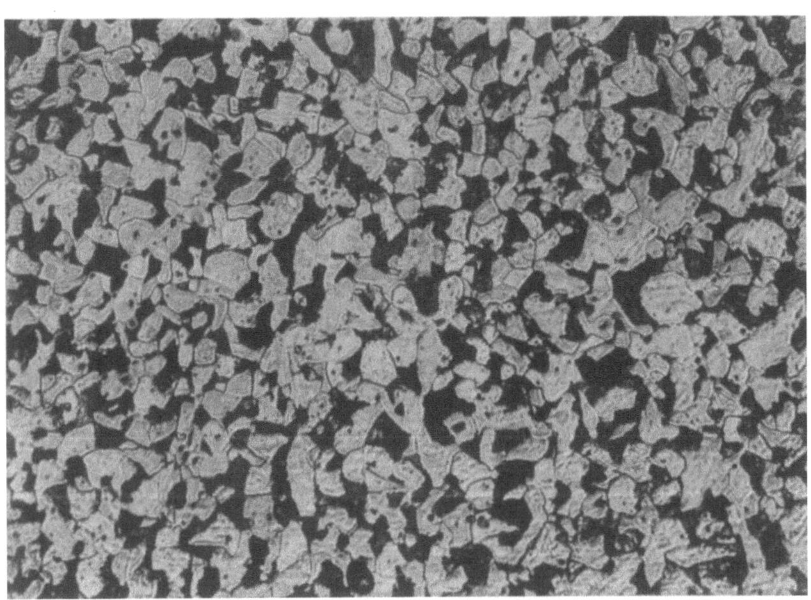

Abb. 43. Im Auflicht-Hellfeld gelten die gleichen Regeln für die Aperturblenden-Einstellung wie im Durchlicht-Hellfeld. Auch hier bilden sich, wie diese Aufnahme zeigt, bei zu starker Abblendung Diffraktionssäume (Kohlenstoffstahl, Vergr. 230×)

Zentrierung der Lichtquelle

Vor den Beleuchtungsstutzen des Auflichtkondensors wird eine Mattscheibe gebracht und mit Hilfe des Kollektors und der Zentrierschrauben der Lampenfassung das Lichtquellenbild scharf abgebildet. Da die meisten Metallmikroskope heute mit eingebauten und grundjustierten Lichtquellen versehen sind, ist diese Einstellung nicht schwierig.

Zentrierung der Beleuchtungseinrichtung

Zunächst wird auf das Objekt scharf eingestellt. Dabei ist zu beachten, daß die zu untersuchende Oberfläche absolut planparallel unter dem Mikroskop liegt. Ist die Schärfenebene gefunden, wird die Bildfeldblende geschlossen und mit Hilfe der

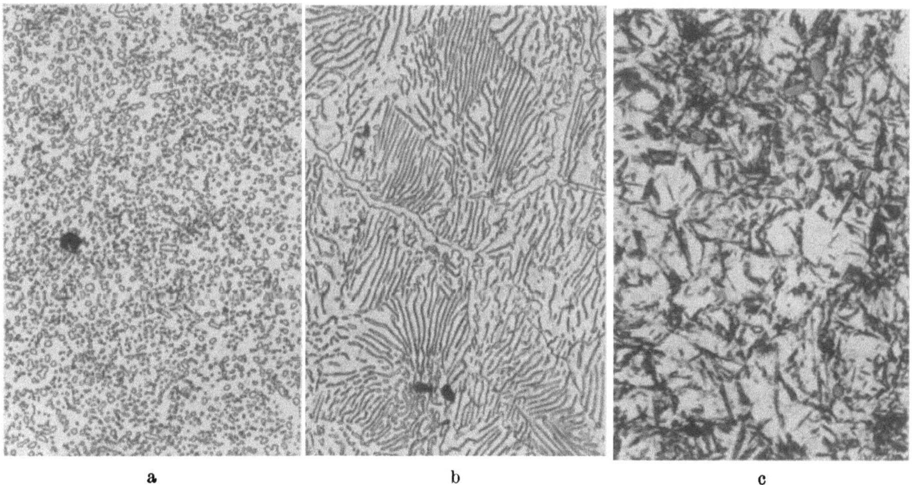

a   b   c

Abb. 44. Bei richtiger Aperturblenden-Einstellung wird das Metallgefüge klar und scharf dargestellt. 3 Aufnahmen von Stahl, a) körnig. Perlit, b) lam. Perlit, c) Martensit, Vergr. 500 × (Photos: E. Leitz/Kornmann)

Scharfstellvorrichtung im Sehfeld scharf abgebildet. Liegt das Blendenbild nicht in der Mitte des Sehfeldes, wird durch Drehen des Hebels zur Einschaltung des Planglases die Zentrierung vorgenommen. Anschließend wird die Blende bis zum Sehfeldrand geöffnet.

Ist das Sehfeld nicht gleichmäßig ausgeleuchtet, zentriert man die Lichtquelle an den Zentrierschrauben der Lampenfassung nochmals nach. Macht sich dennoch ein gleichmäßiger Lichtabfall nach einer Seite und gleichzeitiger Schärfenabfall bemerkbar, liegt das Objekt nicht senkrecht zur Mikroskopachse und muß erneut unter die Handpresse gebracht werden.

Einstellung der Aperturblende

Wie in der Durchlicht-Hellfeldeinstellung muß auch im Auflicht die Aperturblende sehr sorgfältig reguliert werden. Bei falscher Aperturblendeneinstellung treten die gleichen Erscheinungen auf, wie im Durchlicht. Um die Strukturen erscheinen Diffraktionssäume, die unter allen Umständen vermieden werden müssen.

a

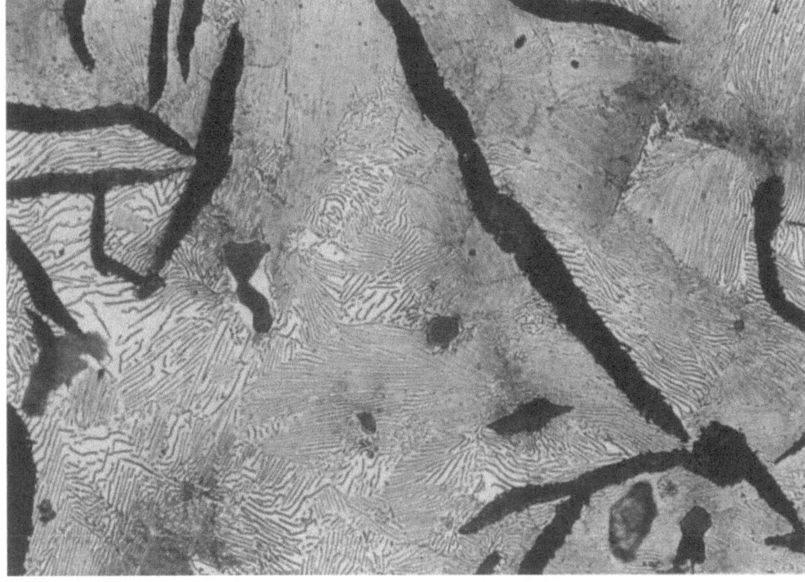

b

Abb. 45. Zur Erzielung guter Tonabstufungen ist eine auf das Negativmaterial gut abgestimmte Lichtfilterung erforderlich. In den meisten Fällen wird die Anwendung eines Grün- oder Gelbgrün-Filters ausreichen

a) Messing geglüht, Vergr. 100× b) Eisenguß, Vergr. 500×

(Photos: E. Leitz/Steinbach, Kornmann)

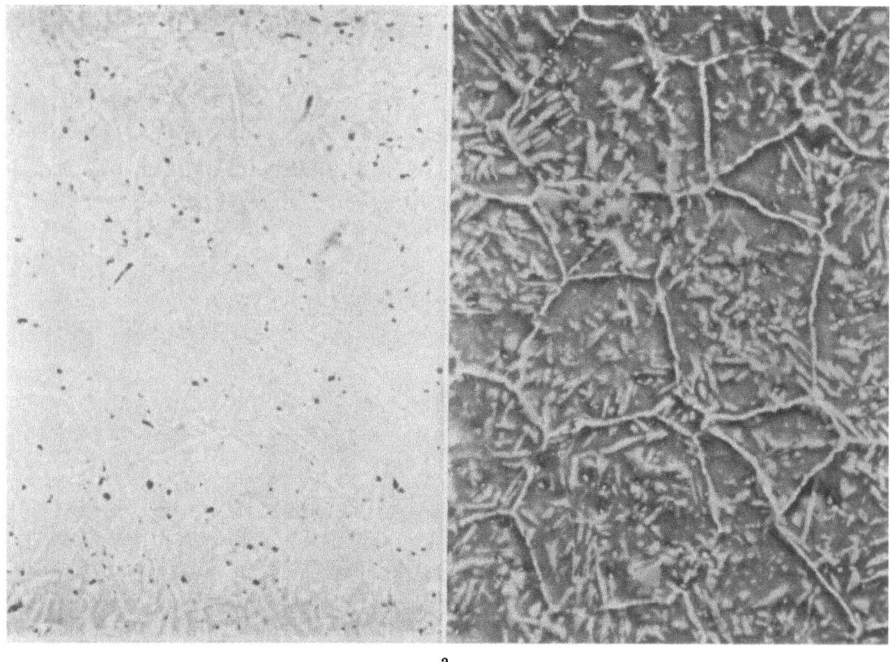

a

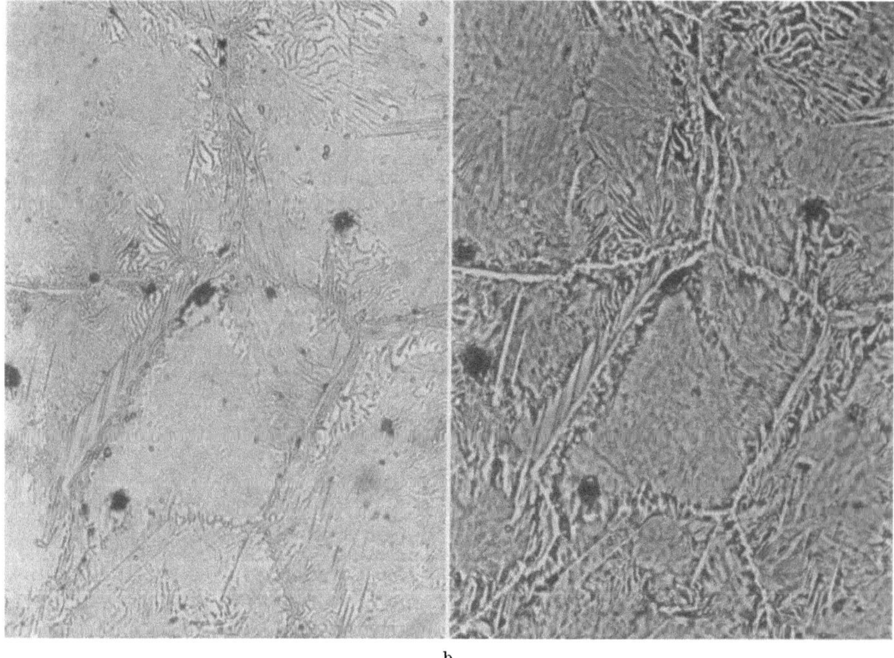

b

Abb. 40. Im Phasenkontrast können unterschiedliche Gefügebestandteile mit gleichem Reflexionsvermögen in kontrastreicher Tonwerttrennung dargestellt werden
a) Stahl mit Karbidausscheidung, Vergr. 200 ×   b) Stahl, zementiert, Vergr. 200 ×
(beide Darstellungen jeweils im Hellfeld und Phasenkontrast),   (Photos: E. Leitz/Kornmann)

b) Einstellungsfolge für Untersuchungen im Auflicht-Phasenkontrast

Allgemeines

Neben den Auflicht-Hellfeldeinrichtungen stellen die Firmen Leitz und Reichert auch Auflicht-Phasenkontrasteinrichtungen her, die für einige Untersuchungsarten ihre Vorzüge haben. So können sehr feine Strukturelemente der Objektoberfläche, wie Korngrenzen, Einschlüsse, Kratzer u. dgl. oft deutlicher dargestellt werden als im Hellfeld. Besondere Vorzüge zeigt das Phasenkontrastverfahren bei der Untersuchung zweier Gefügebestandteile, die trotz unterschiedlicher optischer Konstanten das gleiche Reflexionsvermögen haben. Im Gegensatz zum Hellfeld, mit dem derartige Phasenunterschiede der reflektierten Lichtwellen nicht sichtbar gemacht werden können, zeigt das Phasenkontrast im Bild deutliche Hell-Dunkel-Kontraste.

Arbeitsvorschrift

Die Anwendung derartiger Phasenkontrasteinrichtungen ist denkbar einfach, da sie festzentriert geliefert werden und keine Nachzentrierung erforderlich ist. Jedes Objektiv hat am Illuminator seine entsprechende Ringblende, die mit Hilfe einer Drehscheibe in den Strahlengang eingeschaltet werden kann. Außerdem besteht zusätzlich die Untersuchungsmöglichkeit im Hellfeld. Die Kontrolle durch das Hilfsmikroskop zeigt, ob der Schliff planparallel unter dem Mikroskop liegt. Decken sich Licht- und Phasenring nicht, ist eine neue Lagerung des Schliffes erforderlich.

c) Einstellungsfolge für Untersuchungen im Auflicht-Dunkelfeld
Allgemeines

Ein sehr viel breiteres Arbeitsfeld bietet die Auflicht-Dunkelfeldmikroskopie, da mit ihrer Hilfe alle rauhen, also plastischen Oberflächen untersucht werden können. Ihre Anwendungsmöglichkeit ist im medizinisch-biologischen Arbeitsbereich ebenso zu finden, wie in der Metall-, Kunststoff- und Textilindustrie. Von den wenigen auf dem Markt befindlichen Auflicht-Dunkelfeldeinrichtungen soll die der Firma Leitz hier beschrieben werden. Es handelt sich um den Auflicht-Illuminator „Ultropak", der durch seine Konstruktionsmerkmale besondere Vorzüge aufweist.

Bei den Auflicht-Illuminatoren für Dunkelfeld werden die Lichtstrahlen über einen Ringspiegel und um die Objektive liegende Ringkondensoren am Objektiv vorbei schräg auf das Objekt geleitet. Der Ultropak hat einen Beleuchtungsansatz, der die Lichtstrahlen gesammelt auf den Ringspiegel im Innern des Gehäuses weiterleitet. Die Objektive sind mit in der Höhe verstellbaren Ringkondensoren ausgerüstet, durch die die Lichtstrahlen mit unterschiedlichen Ausfallwinkeln auf das Objekt geworfen werden. Außerdem gibt es einen für alle Objektive universell verwendbaren Reliefkondensor, der das

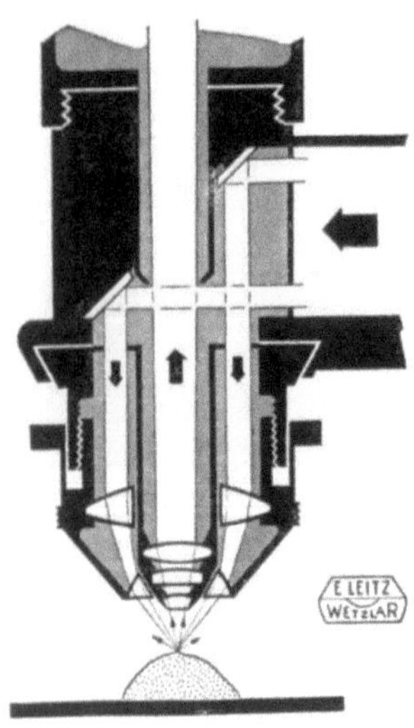

Abb. 47
Schnittzeichnung mit Beleuchtungsschema des Ultropak von Leitz

Licht ganz flach auf das Objekt wirft und dadurch auch die feinsten Oberflächen-
strukturen sichtbar macht. Weitere Möglichkeiten bieten bei Untersuchungen an
lebenden Organen oder Flüssigkeitspräparaten die Eintauchkappen, die auf die
Ringkondensoren aufgeschraubt werden können. Mit ihrer Hilfe können die Objektive in die Flüssigkeit eingetaucht werden und schalten somit Reflexionen der
Flüssigkeitsoberfläche aus.

Abb. 48. Die Ultropak-Objektive können mit Eintauchkappen versehen werden
und erlauben somit auch Untersuchungen von Objekten in Flüssigkeiten

Arbeitsvorschrift

Das in den Ultropak eingebaute Lämpchen (8 V, 0,6 Amp) ist für photographische Zwecke nicht lichtstark genug. Man kann es Auswechseln gegen einen
Beleuchtungsansatz, vor den eine stärkere Niedervoltlampe so gesetzt wird, daß
die Öffnung des Beleuchtungsansatzes voll ausgeleuchtet ist. Gute Erfahrungen
wurden auch mit Projektionslampen gemacht, die direkt vor die Öffnung des
Ultropaks (ohne Beleuchtungsansatz) gestellt worden. Wichtig ist in jedem Fall,
daß die Öffnung des Beleuchtungsstutzens ob mit oder ohne Beleuchtungsansatz
immer gut ausgeleuchtet ist.

Bei Mikroskopen mit eingebauten Lichtquellen (Ortholux, Panphot) ist die
Einstellung der Beleuchtung kein Problem. Eine Überprüfung der Zentrierung
kann vorgenommen werden, indem man ein Stück Papier in die Schärfebene legt,
die Schärfe etwas dejustiert bis mehrere Lichtringe erscheinen. Diese Lichtringe
müssen gleichmäßig hell sein. Das Gerät ist so einfach konstruiert, daß keine
weiteren Justierungen erforderlich sind.

Wenn auf das Objekt scharf eingestellt worden ist, kann man noch die günstigsten Ausleuchtungs-Effekte durch Drehung des Ringkondensors suchen. Je nach

der Profilierung der Objektoberfläche wird man den Ringkondensor höher oder tiefer stellen.

Zur Erzielung größerer Tiefenschärfen gibt es Trichterblenden, die in die Objektive eingesetzt werden. Es sei aber gleich betont, daß bei Verwendung diese

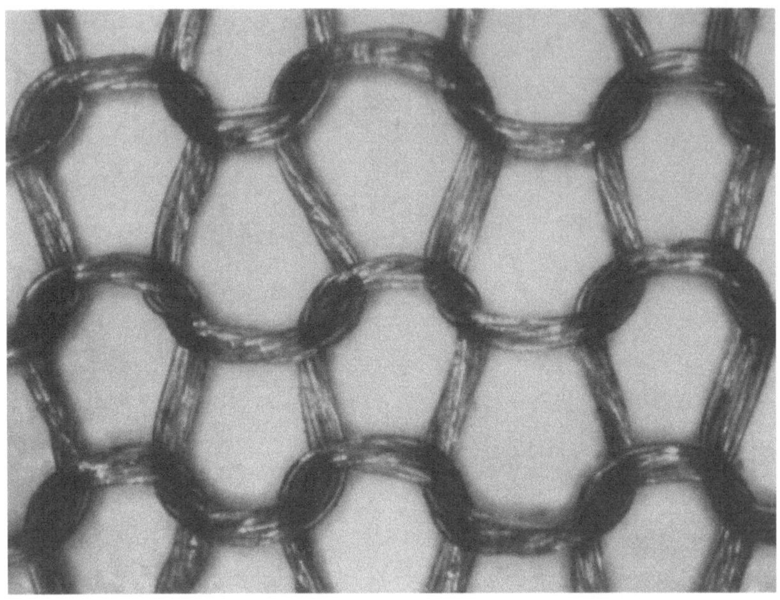

a

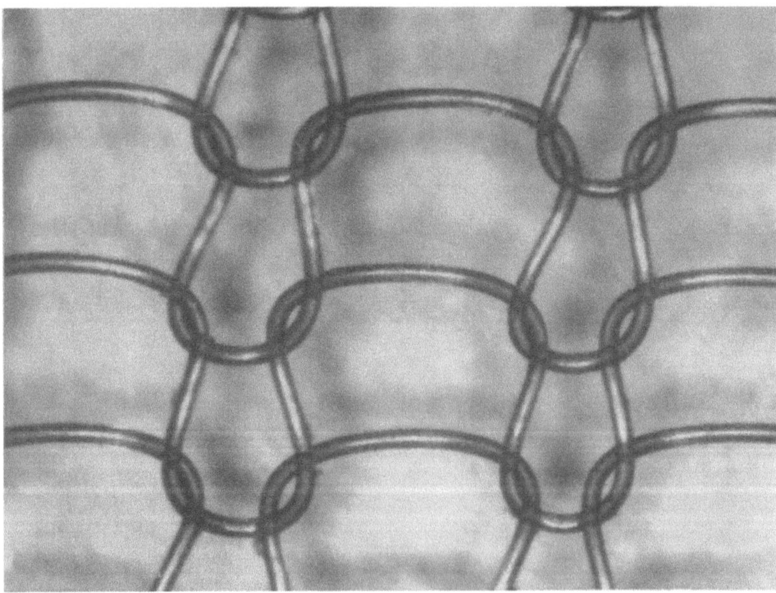

b

Abb. 49. Vergleichsaufnahmen von Perlongewebe (a) und Nylongewebe (b) bei 100facher Vergr. Man erkennt deutlich, daß der Perlonfaden aus mehreren Fasern gewirkt ist

Blenden die Auflösung erheblich nachläßt. Es ist also ratsam, diese Blenden nur im äußersten Notfall zu gebrauchen.

Eine sehr zweckmäßige Einrichtung sind die Sektorenblenden, die aus dem Strahlengang einzelne Sektoren ausblenden können. Werden z. B. an zylindrischen

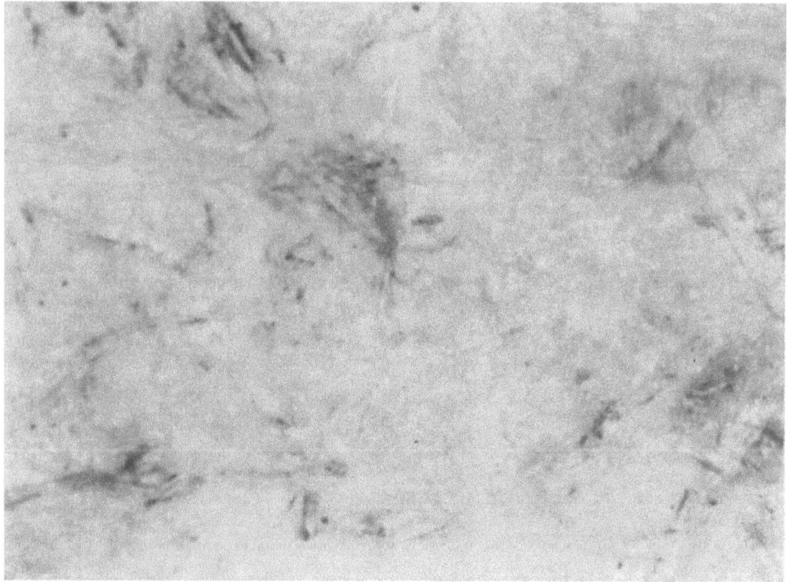

a

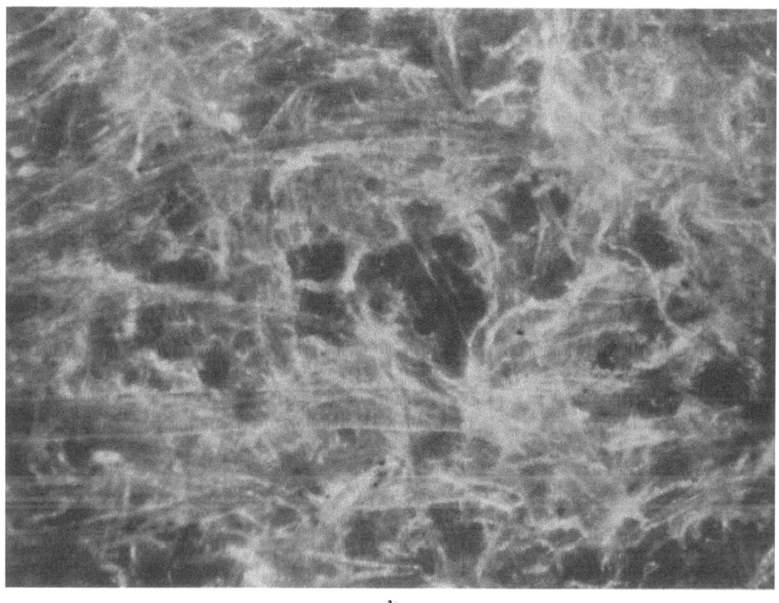

b

Abb. 50. Vergleichsaufnahmen einer Papieroberfläche ohne und mit Reliefkondensor (Vergr. 85 ×)
a) Mit dem normalen Ringkondensor ist die Struktur der Fasern nur andeutungsweise zu erkennen
b) Erst die Verwendung eines Reliefkondensors läßt die Form und Lage der einzelnen Fasern erkennen

Körpern Querstrukturen untersucht (Schuppenstruktur des Haares), würde das Licht, das senkrecht zur Zylinderachse einfällt, so stark reflektieren, daß die Strukturelemente kaum sichtbar zu machen sind. Blendet man die quer zur Achse einfallenden Lichtstrahlen mit Hilfe der Sektorenblende aus, verhütet man die Reflexion und erhält ein klares Bild.

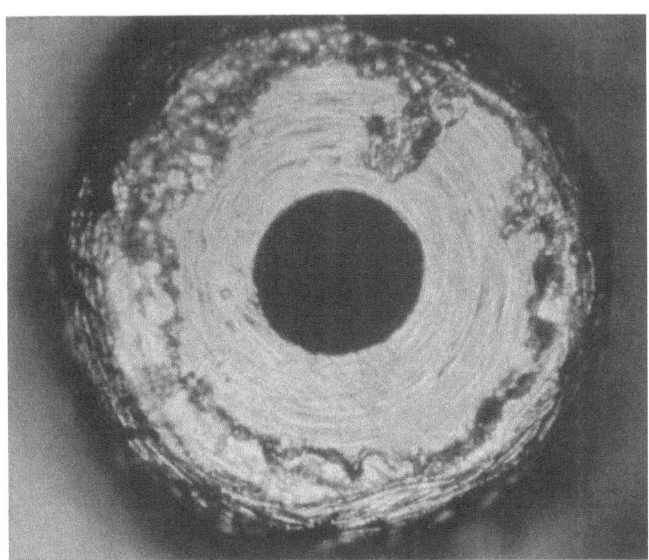

Abb. 51. Darstellung einer Mikrokanüle (Vergr. 650 ×)

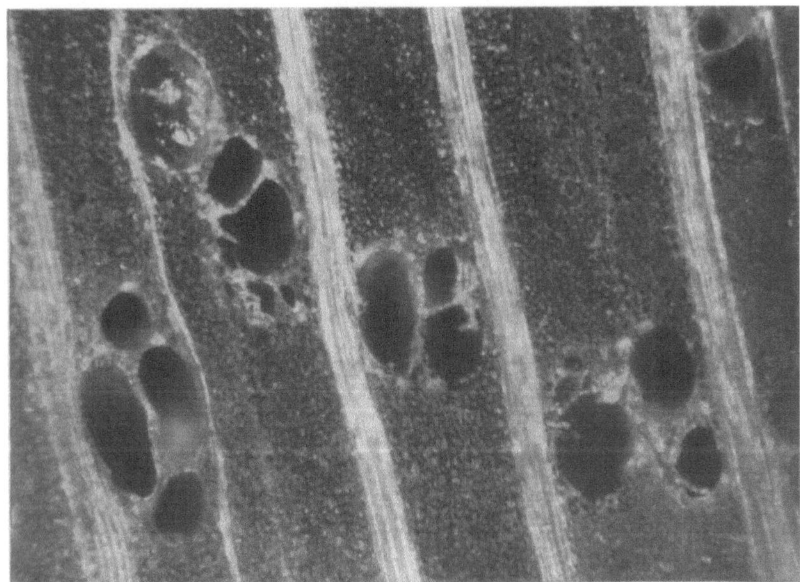

Abb. 52. Schnellanalysen von Holz können ebenfalls mit dem Ultropak erfolgreich durchgeführt werden (Anschliff einer Feldulme, Vergr. 70 ×)

3. Spezielle mikroskopische Untersuchungsarten

Es würde im Rahmen dieses Buches zu weit führen, auf alle Spezialgebiete der Mikroskopie einzugehen. Es sollen hier nur zwei Untersuchungsarten erwähnt werden, die in den verschiedensten Arbeitsgebieten häufiger zum Einsatz kommen: polarisations- und fluoreszenzmikroskopische Untersuchungen. Auch diese beiden

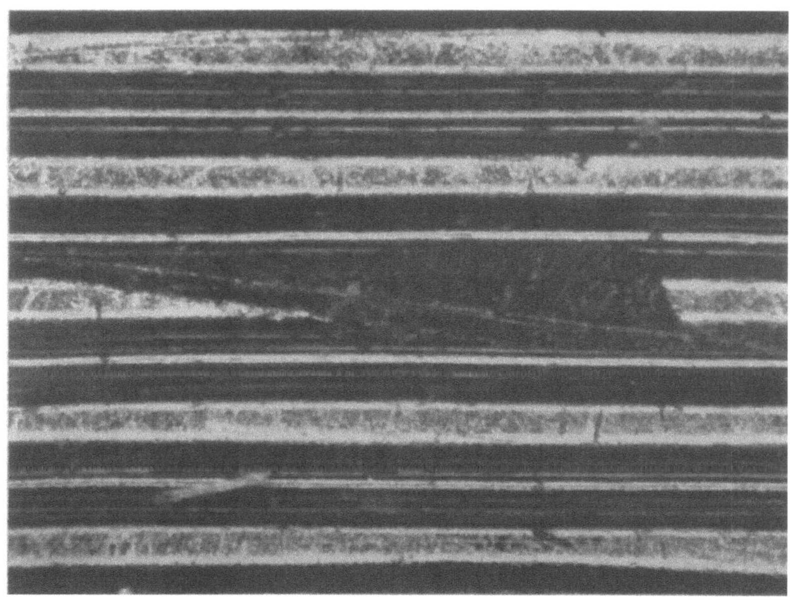

Abb. 53. Beschädigte Laufrille einer Schallplatte bei 220facher Vergr. Für laufende Qualitätskontrollen eignet sich die Auflichtmethode besonders gut

Arbeitsmöglichkeiten sollen nur soweit berücksichtigt werden, wie sie mit dem normalen Mikroskop anzuwenden sind. Das polarisationsoptische Gebiet ist allein so vielfältig, daß man mit seiner Beschreibung ein gesondertes Buch füllen könnte. Es treten aber in der normalen mikroskopischen Arbeit immer wieder Gelegenheiten auf, bei denen man mit der Anwendung dieser beiden Spezialmethoden ergänzende Erkenntnisse gewinnen kann.

a) Untersuchungen im polarisierten Licht

Polarisiertes Licht, d. h. Licht, das nur in einer Ebene schwingt, wird zur Analyse doppelbrechender Objekte herangezogen. Polarisationsoptische Untersuchungen dienen mehr meßtechnischen als darstellerischen Methoden. Und doch hat sich in der letzten Zeit die rein darstellerische Methode im biologischen Arbeitsbereich stark durchgesetzt. So

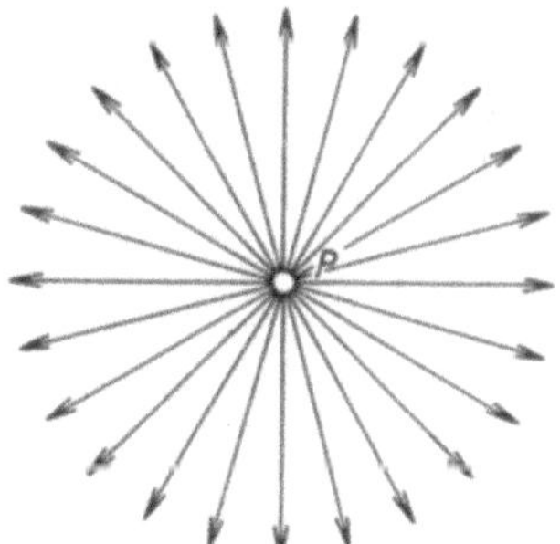

Abb. 54. Das Licht bewegt sich in Wellen fort. Denkt man sich einen Lichtstrahl im Kreis aus der Papierebene treten, so schwingt Licht in allen Richtungen dieser Ebene

Abb. 55. Polarisiertes Licht schwingt dagegen nur in einer Richtung in der Ebene

gibt die Untersuchung der Doppelbrechung bestimmter Strukturen einen sehr wichtigen Aufschluß über den submikroskopischen Feinbau biologischer Objekte. Außerdem lassen sich mit Hilfe des polarisierten Lichtes in der Auflichtmikroskopie störende Reflexe beseitigen.

Das Polarisationsmikroskop gleicht im wesentlichen dem normalen Mikroskop. Es ist zusätzlich mit Polarisationsfiltern ausgerüstet, sowie mit verschiedenen

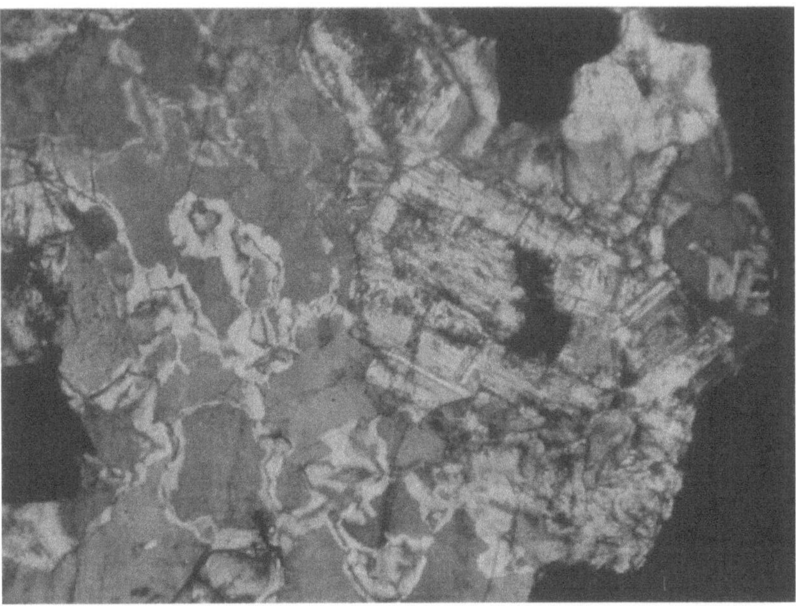

Abb. 56. Gesteinsdünnschliffe werden zur Bestimmung ihrer Zusammensetzung im polarisierten Licht untersucht (Glimmerdiorit, Vergr. 45×)

Abb. 57. Sehr dankbar ist die Darstellung von Kristallen mit ihren vielfältigen Formen im polarisierten Licht (Acenaphthen, Vergr. 15×)

Zusatzeinrichtungen, die für Gangunterschiedsmessungen im mineralogischen Arbeitsbereich benötigt werden, an dieser Stelle aber weniger interessieren.

Für polarisationsoptische Untersuchungen mit dem normalen Durchlicht-Mikroskrop werden zwei Filter benötigt: der Polarisator, der sich unterhalb des

Abb. 58. Darstellung der Koloniestruktur von Bacillus circulans im polarisierten Licht. (Zum Vergleich sei auf Abb. 73 hingewiesen, auf der die Kolonieform im Schräglicht dargestellt ist.) (Vergr. 40×)

Kondensors befindet und der Analysator, der oberhalb des Objektivs, entweder im Tubus oder auf das Okular aufsteckbar in den Strahlengang gebracht wird. Sind die Schwingungsebenen von Polarisator und Analysator parallel zueinander orientiert, ist das Gesichtsfeld im Mikroskop hell. Wird einer der Filter um 90° gedreht, so stehen die Schwingungsebenen der beiden Filter senkrecht zueinander. In diesem Fall ist das Gesichtsfeld dunkel, nur doppelbrechende Strukturen des Objektes leuchten hell auf. Je nach der Dicke des Objektes und der Größe der Gangunterschiede werden die einzelnen Objektteile verschiedenfarbig dargestellt. Um ein gutes Polarisationsbild zu erhalten, muß

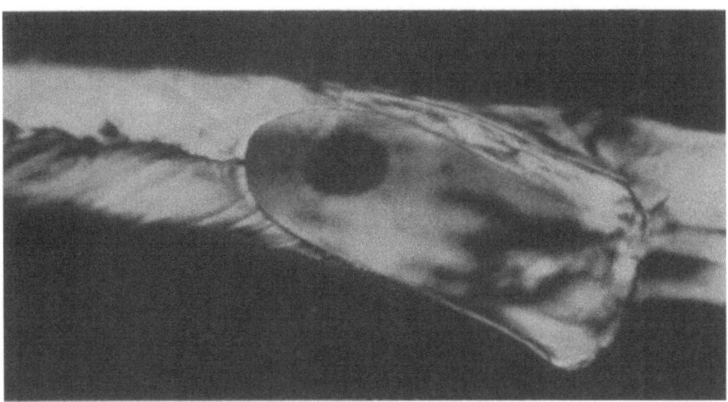

Abb. 59. Auch im biologischen Bereich findet die Untersuchung im polarisierten Licht immer häufiger Anwendung. Hier z. B. zur Darstellung der Calcithülle von Bugula avicularia (Vergr. 25×)

man mit kleineren Beleuchtungsaperturen arbeiten als im normalen Hellfeld, d. h., daß bei dieser Untersuchungsart die Aperturblende stärker geschlossen werden darf. Die Zentrierung und Einstellung des Mikroskops erfolgt bei parallel gestellten Filtern genau so, wie sie bereits in den vorigen Kapiteln beschrieben wurde.

b) Fluoreszenzmikroskopische Untersuchungen

Unter „Fluoreszenz" versteht man eine Leuchterscheinung an festen, flüssigen oder gasförmigen Körpern, die nicht durch Zufuhr von Wärmeenergie ausgelöst wird. Es handelt sich um eine Lichtausstrahlung, die bei Absorbtion des eingestrahlten Lichtes auftritt. Hierbei sind in der Regel die Fluoreszenzstrahlen langwelliger als die Erregerstrahlen.

Die Fluoreszenzmethode erlaubt es einerseits durch Anfärbungen mit fluoreszierenden Stoffen Objektteile und Vorgänge, die auf andere Weise nicht sichtbar

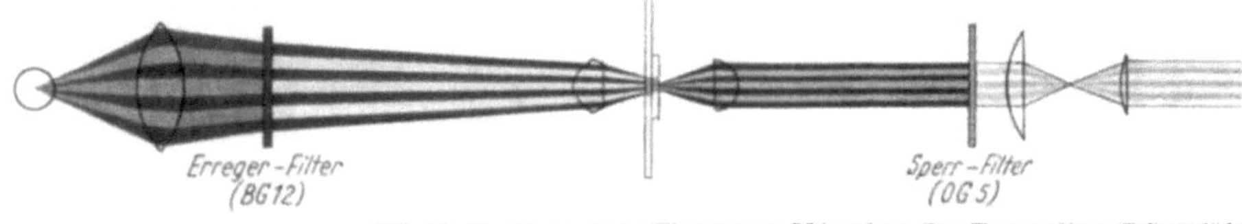

Abb. 60. Strahlengang im Fluoreszenz-Mikroskop. Das Erregerfilter (BG 12) läßt nur die kurzwelligen Strahlen des Lichtes durch, die im Objekt die Fluoreszenz anregen. Zur Darstellung des Fluoreszenzlichtes muß das Erregerlicht wieder ausgefiltert werden. Hierzu dient das unter dem Okular befindliche Sperrfilter (OG Filter)

zu machen sind, darzustellen oder verschiedene Objektstrukturen durch ihre Eigenfluoreszenz zu differenzieren, sowie auf ihren Zustand hin zu überprüfen.

Hieraus ist ersichtlich, daß es zwei Arten der Fluoreszenz gibt. Man spricht von primärer Fluoreszenz, wenn ein Objekt bereits in unbeeinflußtem Zustand

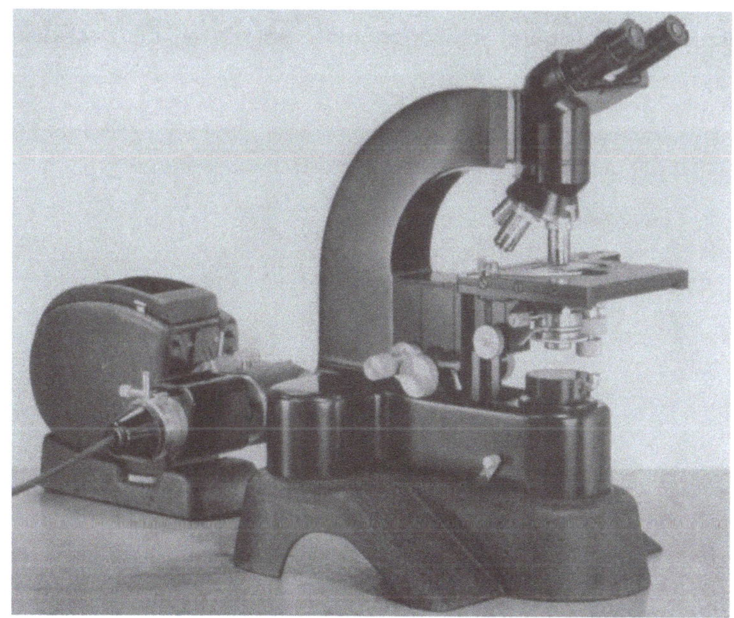

Abb. 61. Forschungsmikroskop Ortholux mit Fluoreszenzlampe (Leitz). Diese Lampe gibt es auch in zweistöckiger Ausführung für Untersuchungen im kombinierten Durch- und Auflicht

Fluoreszenzerscheinungen zeigt. Dagegen besteht die Möglichkeit, bestimmte Teile nicht fluoreszierender Objekte durch Anfärbung mit fluoreszierenden Stoffen zur Fluoreszenz zu bringen. In diesem Fall bezeichnet man die Erscheinung als „sekundäre" Fluoreszenz. Die Farbstoffe nennt man Fluorochromen.

Solche Fluorochrome sind z. B. Acridingelb (stand.), Auramin, Acridinorange, Thioflavin S und Rhodamin (stand.) (geeignet zur Anfärbung fixierter Präparate). Für Vitalfärbungen werden hauptsächlich Auramin und Acridinorange verwandt, wobei sich Acridinorange sehr gut zur Differenzierung lebender (Grün-Fluoreszenz) und toter (Rot-Fluoreszenz) Gewebeteile eignet.

Zur Erregung der Fluoreszenz wird kurzwelliges Licht benötigt. Statt des früher verwandten UV-Lichtes, das voraussetzt, daß alle optischen Teile

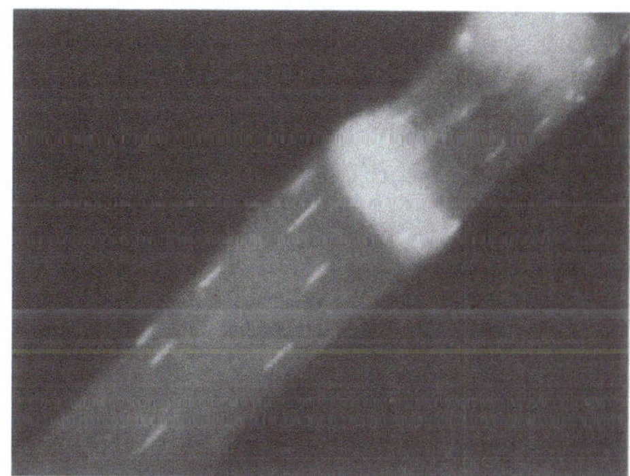

Abb. 62. Deformationserscheinung an verletzten Skeletmuskelfasern. Nur durch Anfärben mit Fluorochromen ist es möglich, das Verhalten der Kerne zu untersuchen (Vergr. 250×)

aus Quarzglas sind, benutzt man heute als Erregerlicht vorwiegend ein Blaulicht, das gerade noch im sichtbaren Teil des Spektrums liegt. Für die Blaulicht-Fluoreszenz können normale Mikroskope gebraucht werden. Voraussetzung ist eine starke Lichtquelle mit hohem kurzwelligen Strahlenanteil. Zu diesen Lichtquellen gehören Bogenlampen, Hg.- und Xenon-Lampen. Als Erregerfilter wird vor die Lampe ein 2—4 mm starkes BG 12-Filter mit einer maximalen Durchlässigkeit zwischen 400 und 430 μ geschaltet. Um das die Beobachtung und Aufnahme störende Erregerlicht auszuschalten, benutzt man sogenannte Sperrfilter, die zweckmäßigerweise

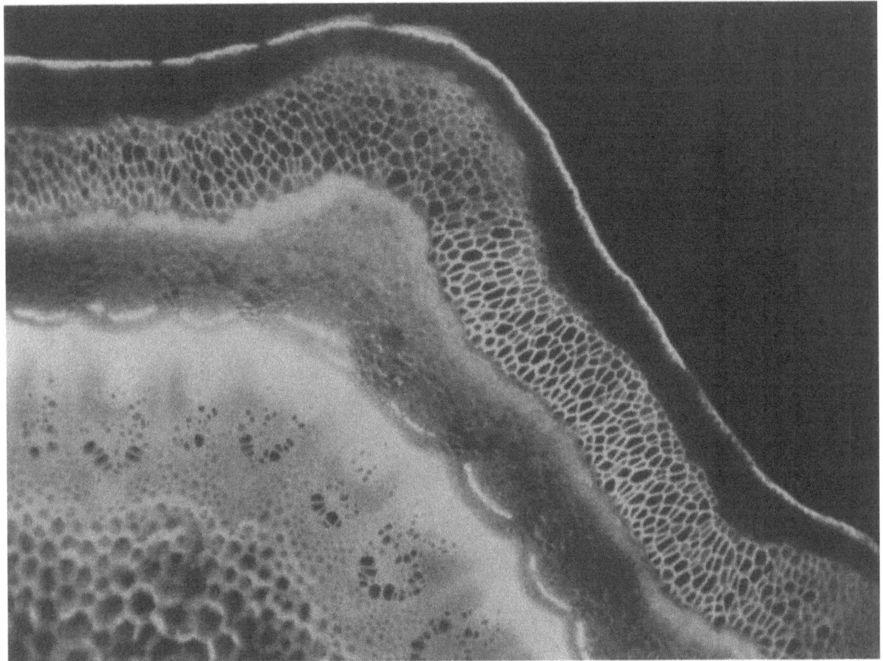

Abb. 63. Darstellung einer Primärfluoreszenz an einem Sproßquerschnitt von Berberis vulgaris (Berberitze) Vergr. 80 × (Photo: E. Leitz/Kornmann)

zwischen Objektiv und Okular in den Strahlengang gebracht werden. Die Sperrfilter (Filter der OG-Reihe) müssen das Erregerlicht völlig absorbieren, aber andererseits die unterschiedlichen Farben des erregten Lichtes, also die Fluoreszenzstrahlen (meist Grün, Gelb oder Rot) durchlassen. Die Filterbezeichnungen beziehen sich auf die Filter der Firma Schott & Gen. Mainz.

Weiterhin ist zu empfehlen, Spezialobjektive (Fluoritsysteme oder Apochromate) zu verwenden, da diese die Gewähr geben, keine Eigenfluoreszenz zu erzeugen, die das Bild stören könnten. Einige dieser Objektive sind bereits mit Sperrfiltern, die auf die Frontlinse gekittet sind, ausgerüstet.

Zweckmäßig ist es mit Kondensoren hoher Apertur zu arbeiten, da jede Möglichkeit der Beleuchtungs-Intensivierung ausgenutzt werden muß.

Auch eine Mischbeleuchtung mit durch- und auffallendem Licht führt zu guten Ergebnissen. Für diese Doppelbeleuchtungsart hat die Firma Leitz das Forschungsmikroskop Ortholux mit einer zweistöckigen Hg-Lampe ausgerüstet.

So reizvoll diese Fluoreszenzuntersuchungen auch sind, man wird im photographischen Bereich oft auf Schwierigkeiten stoßen, da die Intensität des Fluoreszenzlichtes, besonders bei Objekten mit Primär-Fluoreszenz, nie sehr groß ist. Man wird also stets mit stärksten Lichtquellen arbeiten müssen. Außerdem sollte man die Einstellung stets streng nach dem Köhlerschen Beleuchtungsprinzip vornehmen. Die gesamte mikroskopische Einrichtung muß sehr fest stehen, damit bei den langen Belichtungszeiten keine Verwacklungen auftreten. Stativkameras sind Aufsatzkameras vorzuziehen. Um die Belichtungszeit möglichst weit herabzusetzen, kann man mit höchstempfindlichen Filmemulsionen arbeiten. (Diese Emulsionen sind im photographischen Teil besonders genannt.)

III. Die mikrophotographische Aufnahme

Die Photographie, ob Mikro- oder Makrophotographie, ist im wissenschaftlichen Arbeitsbereich ein Hilfsmittel, um Forschungsergebnisse dokumentarisch festzuhalten oder Demonstrationsmaterial für den Unterricht zu schaffen. Sie ist also niemals ein primärer sondern stets sekundärer Arbeitsvorgang. Demzufolge sollte die photographische Technik so einfach wie möglich gehalten werden. Man sollte für seine Arbeitsgebiete Standardmethoden entwickeln, die die eigentliche wissenschaftliche Arbeit nicht belasten und somit die Photographie nicht zur eigenen „Wissenschaft" machen.

Diese Forderung für die photographische Arbeit im wissenschaftlichen Bereich, wird mit der Auswahl einer einfachen aber zweckmäßigen Arbeitsausrüstung und mit der Verwendung nur weniger Materialsorten erreicht. Selbstverständlich soll man sich die unterschiedlichen Eigenschaften des photographischen Materials zunutze machen, doch sollte man das Probieren nicht zu sehr übertreiben und sich lieber auf nur wenige, aber erprobte Materialsorten beschränken. Erst dann können ohne viel Zeitaufwand gute photographische Ergebnisse erzielt werden.

1. Das Aufnahmematerial

Um beurteilen zu können, welches Negativmaterial für sein Arbeitsgebiet das geeignetste ist, muß man zunächst über die Eigenschaften der photographischen Emulsion orientiert sein.

So ist es wichtig, die zwei Empfindlichkeitsfaktoren der Negativemulsion zu kennen: die Allgemeinempfindlichkeit und die Farbempfindlichkeit. Beide Werte sind auf der Verpackung des Materials verzeichnet.

a) Allgemein- oder Lichtempfindlichkeit

Die photographische Schicht benötigt eine ganz bestimmte Lichtmenge, um ein Bild entstehen zu lassen. Diese Lichtmenge ist von der Allgemein- oder Lichtempfindlichkeit der Emulsion abhängig. Sie ist auf jeder Negativpackung mit einer Einheitsnorm, den DIN-Graden bezeichnet. Der Empfindlichkeitsbereich erstreckt sich von 3/10° DIN, als die niedrigste Empfindlichkeit, bis 40/10° DIN, als z. Zt. höchsterreichbare Empfindlichkeit. Innerhalb dieser Werte gibt es eine reichhaltige Abstufung, die man jeweils anhand der Bezeichnungen beurteilen kann. Eine Steigerung um je 3/10° DIN ergibt die doppelte Empfindlichkeit, d. h., daß ein Film mit 17/10° DIN doppelt so empfindlich ist, als ein Film mit 14/10° DIN oder um das Vierfache unempfindlicher als ein Film mit 23/10° DIN.

Von dieser Allgemeinempfindlichkeit hängt auch der Charakter des Negativs ab. So ist z. B. von ihr die Größe des Bromsilberkorns, auf der ja bekanntlich die photographische Schicht aufgebaut ist, abhängig. Je unempfindlicher das Negativ ist, um so feiner ist sein Korn. Diese Eigenschaft spielt für die Mikrophotographie eine sehr große Rolle, denn es wäre widersinnig, die mit hochwertigen Objektiven erhaltene Auflösung feinster Strukturen durch grobkörniges Material zu zerstören. Die Industrie ist ständig bemüht, auch im hochempfindlichen Bereich Emulsionen mit besonderer Feinkörnigkeit auf den Markt zu bringen.

Von der Allgemeinempfindlichkeit ist außerdem die Gradation der Negativschicht abhängig, d. h. in welchem Maße unterschiedliche Helligkeitswerte in entsprechende Grauwerte umgewandelt werden. Die beste Gradation, also die umfangreichste Grauskala, findet man bei den Negativsorten zwischen 14/10° DIN und 20/10° DIN bei Filmen oder 12/10° DIN und 17/10° DIN bei Platten. Alle unempfindlicheren Schichten arbeiten hart, d. h. ihnen fehlen Zwischentöne in der Grauabstufung. Die meisten höherempfindlichen Emulsionen arbeiten zu weich, d. h. ihnen fehlen die Kontraste im Hell-Dunkelbereich.

b) Farbempfindlichkeit

Neben den vorgenannten Eigenschaften des Negativmaterials ist seine Farbempfindlichkeit von großer Bedeutung. Die photographische Emulsion ist ursprünglich nur für blaue Lichtstrahlen empfindlich. Erst durch ganz bestimmte Sensibilisierungsverfahren wird die Schicht auch für andere Farben mehr oder weniger empfindlich gemacht. Jede Farbe wird in einen bestimmten Helligkeitsbzw. Grauwert übersetzt, der aber nicht immer dem natürlichen Helligkeitsempfinden unseres Auges entspricht. Die ursprüngliche hohe Blauempfindlichkeit bleibt in allen Fällen erhalten, was zur Folge hat, daß die blaue Farbe grundsätzlich zu hell dargestellt wird.

Die Empfindlichkeit gegenüber den anderen Farben ist je nach der Sensibilisierung unterschiedlich und wird in Tab. 3 im einzelnen beschrieben.

Tabelle 3

Negativsorte	Blau	Rot	Grün
orthochromatisch	hochempfindlich (Darstellung zu hell)	unempfindlich (Darstellung zu dunkel)	normalempfindlich (Darstellung tonwertrichtig)
panchromatisch	hochempfindlich (Darstellung zu hell)	etwas überempfindlich (Darstellung etwas zu hell)	etwas unterempfindlich (Darstellung etwas zu dunkel)
ortho-panchromatisch	hochempfindlich (Darstellung zu hell)	normalempfindlich (Darstellung tonwertrichtig)	

Die Aufstellung enthält nur Annäherungswerte. Eine grundsätzliche Norm läßt sich nicht finden, da jedes Fabrikat kleine Abweichungen zeigt, auf die man sich jeweils einarbeiten muß. Aus den Empfindlichkeitsangaben ist bereits zu ersehen, daß man für sein jeweiliges Arbeitsgebiet sehr sorgfältig unter den Materialsorten wählen muß, denn die wissenschaftliche Darstellung verlangt eine objektive Wiedergabe, also Grauwerte, die den wirklichen Farbwerten entsprechen. Andererseits

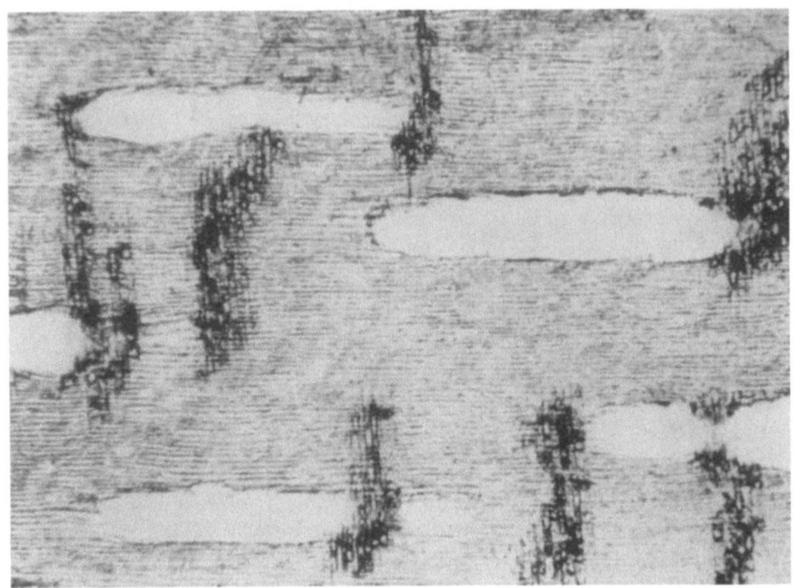

Abb. 64a

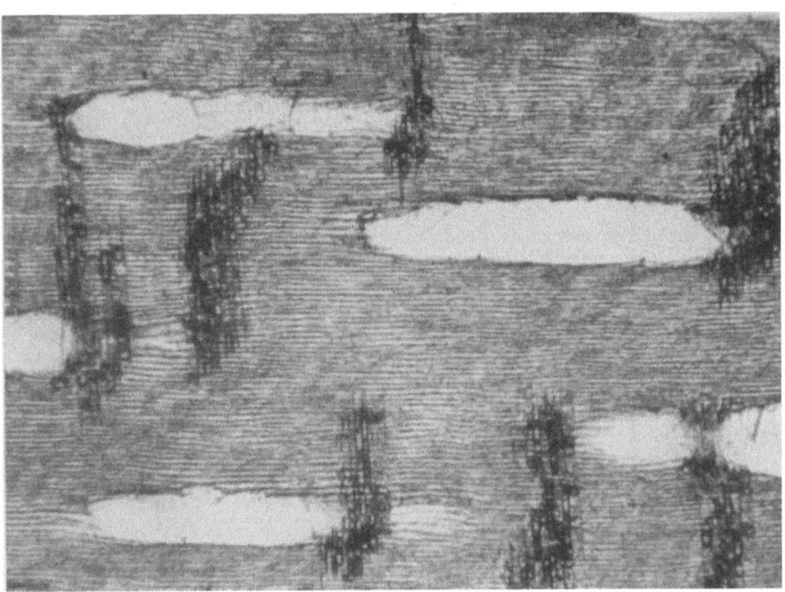

Abb. 64b

Abb. 64. Vergleichsdarstellung dreier Emulsionen mit unterschiedlichen Gradationen

a) Aufnahme mit einer geringempfindlichen, hart arbeitenden Emulsion. Die Zwischenräume zwischen den hellen und dunklen Tönen sind wenig abgestuft, es fehlen die Zwischentöne

b) Aufnahme mit einer normal arbeitenden Emulsion mittlerer Empfindlichkeit. Die Abstufung der Grautöne ist gut

c) Aufnahme mit einer weich arbeitenden Emulsion hoher Empfindlichkeit. Die Tönung bewegt sich nur im mittleren Graubereich

kann man sich auch die unterschiedliche Farbempfindlichkeit zunutze machen und durch die Wahl eines bestimmten Materials geringe Helligkeitsunterschiede in starke Kontraste umwandeln. Um die unterschiedliche Farbempfindlichkeit auszugleichen oder den Kontrast zu erhöhen, werden Farbfilter benötigt, deren Anwendung in einem gesonderten Kapitel behandelt werden.

Da sich die Qualität der einzelnen Negativsorten laufend verändert, glücklicherweise meistens in verbessernder Tendenz, ist es nicht zweckmäßig, auf bestimmte Materialsorten einzugehen. Es sollen lediglich zwei Filmarten erwähnt werden, die

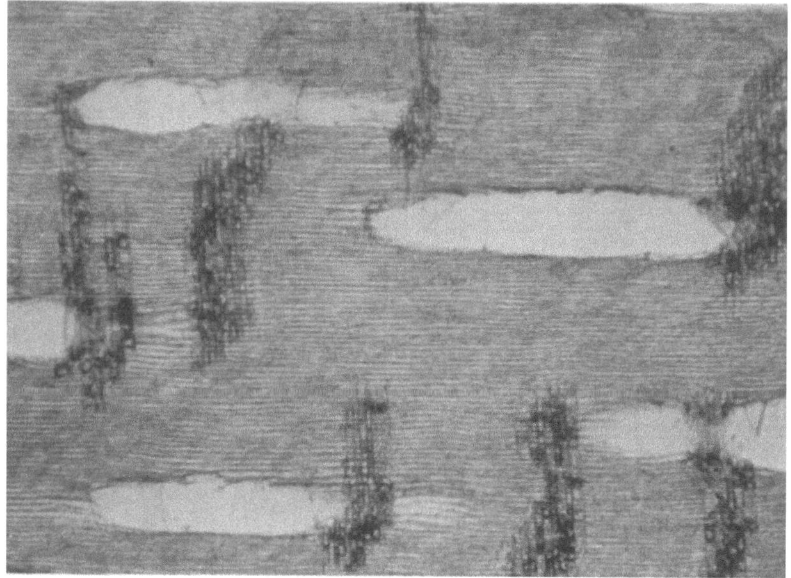

Abb. 64 c

heute noch wenig bekannt sind, und für manche Zwecke, wie z. B. für die Fluoreszenzphotographie, besondere Vorteile bieten. Dieses sind die beiden hochempfindlichen Filme Gevapan 36 von Geveart und TRI X von Kodak. Beide Filme haben eine ungefähre Empfindlichkeit von 28/10° DIN und sind dabei relativ feinkörnig. Sie zeigen einen besseren Bildcharakter, als die entsprechenden Emulsionen mit 23/10° DIN und ähneln den Emulsionen mit 20/10° DIN.

2. Die Wahl der Farbfilter

In der Mikrophotographie kommt es vielfach darauf an, Farbtöne bzw. Helligkeitswerte zu trennen, also Kontraste zu verstärken, oder extreme Farbwerte, also starke Kontraste auszugleichen. Diese Kontrastregelung wird mit Hilfe von Farbfiltern durchgeführt.

Eine grundlegende Regel für die Anwendung von Farbfiltern läßt sich sehr schwer aufstellen. Ihre Wirkungsweise ist von zu vielen Faktoren abhängig, so z. B. von der unterschiedlichen Farbempfindlichkeit der Negativmaterialien, von der Anfärbungsdichte der Präparate, von der Farbzusammenstellung, von der

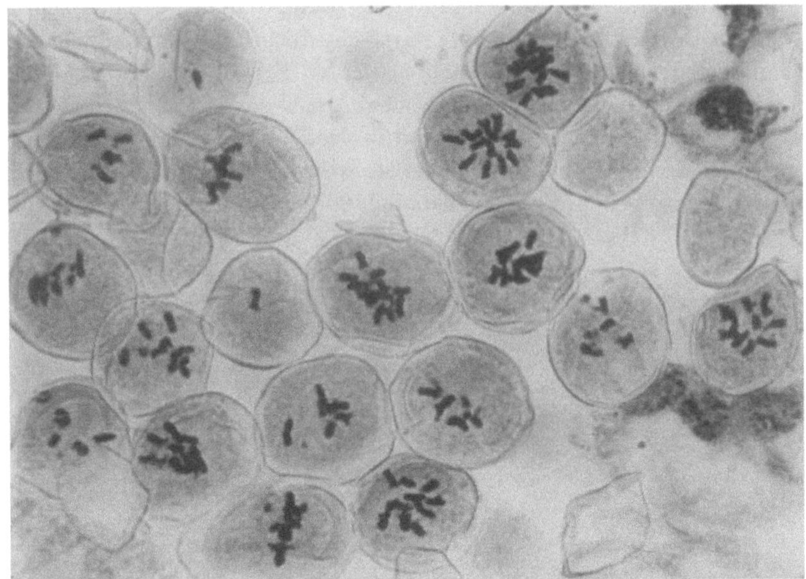

a

b

Abb. 65. Die richtige Auswahl des Negativmaterials hinsichtlich der Farbempfindlichkeit muß
gut überlegt sein

a) Mit orthochromatischem Material werden rotgefärbte Strukturelemente völlig schwarz wiedergegeben

b) Bei Verwendung von panchromatischem Material zeigen die gleichen Objektteile noch Eigenstruktur

spektralen Verteilung der Lichtquelle u. a. m. Am wichtigsten ist es, die Farbempfindlichkeit seines Negativs gut zu kennen. Es gibt z. B. orthochromatische
Negative, die nicht völlig unempfindlich für Rot sind oder auch panchromatische

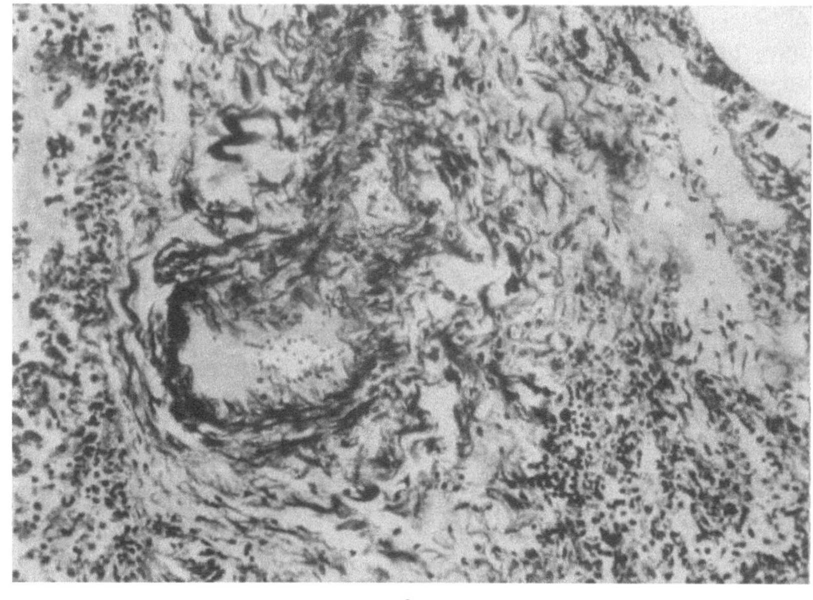

a

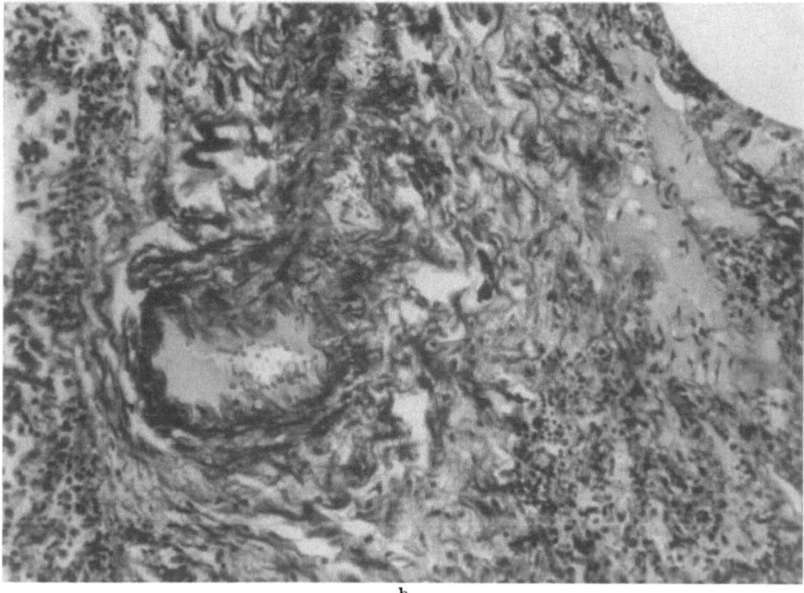

b

Abb. 66. Für die Darstellung reichhaltiger Tonwerte ist das orthochromatische Material (a) nicht
immer günstig. Meist geht ein großer Teil an Farbwerten verloren. Erst die Anwendung von
panchromatischem Material (b) läßt eine bessere Differenzierung der Farbwerte zu. Filter-
kombinationen von Orange und Gelbgrün begünstigen diese Differenzierung (Lungenschnitt in
Massonfärbung)

Emulsionen, die eine starke Grünlücke aufweisen. Diese Eigenschaften muß man selbstverständlich bei der Wahl der Farbfilter berücksichtigen. Dieses alles sind Gründe, um sich auf wenige Negativsorten zu beschränken. Man kennt dann seine Emulsionen und kann sich bei seiner Arbeit darauf einstellen.

Zweckmäßig ist es, wenn man sich eine Filtertabelle für sein Material anlegt, deren Ergebnis man zunächst durch Versuchsaufnahmen ermittelt. Man wählt mehrere Präparate mit unterschiedlichen Färbungen und Farbzusammenstellungen, z.B. van Gieson-Färbung (braune, gelbe und rote Farbwerte), Azan-Färbung oder Masson-Färbung (blaue und rote Farbwerte) und stellt von diesen

Abb. 67. Bei einfarbig gefärbten Objekten kann man zur Hebung der Kontraste orthochromatisches Material und Grünfilter verwenden (Muskeltrichine, Vergr. 180×)

Präparaten Aufnahmen mit verschiedenen Farbfiltern her. In Frage kommen rotfreies Grünfilter, Blaugrünfilter, Gelbgrünfilter, Gelbfilter, Orangefilter. Bei Verwendung von panchromatischem Material erzielt man bei stark farbdifferenzierten Präparaten gelegentlich auch gute Ergebnisse mit einer Filterkombination Orange und Gelbgrün.

In den meisten Fällen kommt man mit den von den optischen Firmen gelieferten Farbfiltern aus. Es müssen die obenangeführten Filter vorhanden sein. Die Filter werden als Gelatine-Folie zwischen zwei Glasplatten oder als eingefärbte Glasfilter geliefert. Durchschnittlich kommt man mit den billigeren Gelatinefiltern aus. Vor ihrer Verwendung mit starken Lichtquellen, wie Bogenlampen, Hg.-Lampen oder dergleichen wird aber gewarnt, da die Farbstoffe bei zu starker Bestrahlung ausbleichen. Für derartige Lichtquellen sollte man stets reine Glasfilter verwenden.

Neben den Farbfiltern werden neuerdings auch Interferenzfilter geliefert, die den Vorteil sehr begrenzter spektraler Durchlässigkeitsbereiche haben, dabei aber einen nicht so hohen Absorptionsgrad aufweisen, also heller sind, als die Farbfilter.

Diese Interferenzfilter, besonders im Durchlässigkeitsbereich von 546 μ sind gut für die Phasenkontrastmikroskopie geeignet.

Eine Tabelle über die Wirkungsweise der Farbfilter ist am Schluß des Buches.

3. Die Lichtmessung

Die photographische Emulsion benötigt eine bestimmte Lichtmenge, um ein Bild entstehen zu lassen. Diese Lichtmenge ist wiederum abhängig von der Allgemeinempfindlichkeit der Emulsion.

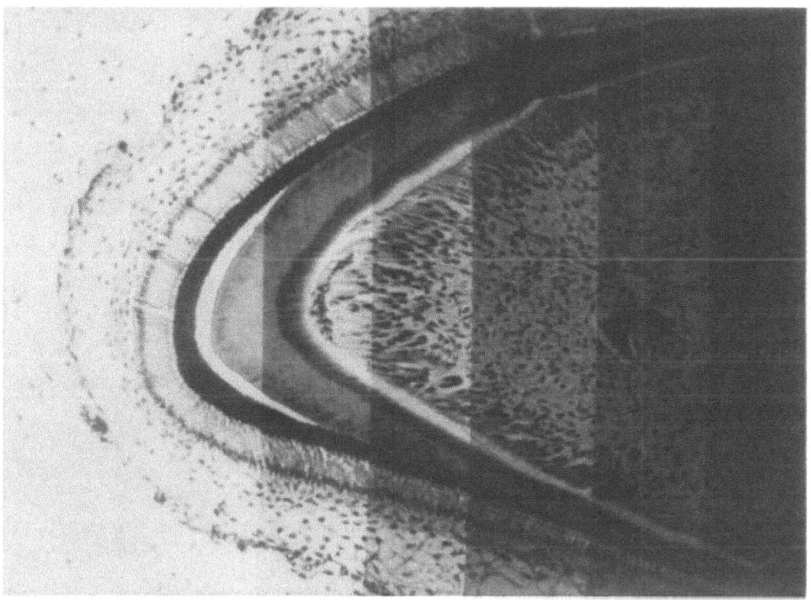

Abb. 68. Die Streifen-Probebelichtung trägt zum schnellen und sicheren Erkennen der richtigen Belichtungszeit bei

Die Beurteilung der erforderlichen Belichtungszeit war bis vor kurzem nicht ganz einfach. Es gehörte schon eine Menge Erfahrung dazu, aus dem Helligkeitsempfinden bei der subjektiven Beobachtung die Belichtungszeit einigermaßen sicher zu ermitteln. Heute gibt es für die Feststellung der erforderlichen Belichtungszeit Meßgeräte, welche die mikrophotographischen Arbeiten außerordentlich erleichtern und Fehlbelichtungen fast völlig ausschließen.

Unter den heute auf dem Markt befindlichen Meßgeräten kann man im großen und ganzen zwei Typen unterscheiden:

Die Selen-Photozelle in Verbindung mit einem Mikroamperemeter (weniger empfindlich);

die Vakuum-Photozelle in Verbindung mit einem Mikroamperemeter mit zusätzlichem Verstärkerelement (höchstempfindlich).

Vorteilhaft ist es, wenn die Lichtmessung in einer zur Filmebene stets konstantbleibenden Entfernung über dem Okular vorgenommen wird, so wie es bei der

Aufsatzkamera mit Lichtmeßeinrichtung der Firma Zeiss geschieht. Bei Plattenkameras wird die Photozelle auf die Matt- oder Klarglasscheibe der Kamera gesetzt. Photozellen, die statt Okular in den Tubus eingesetzt werden, haben den

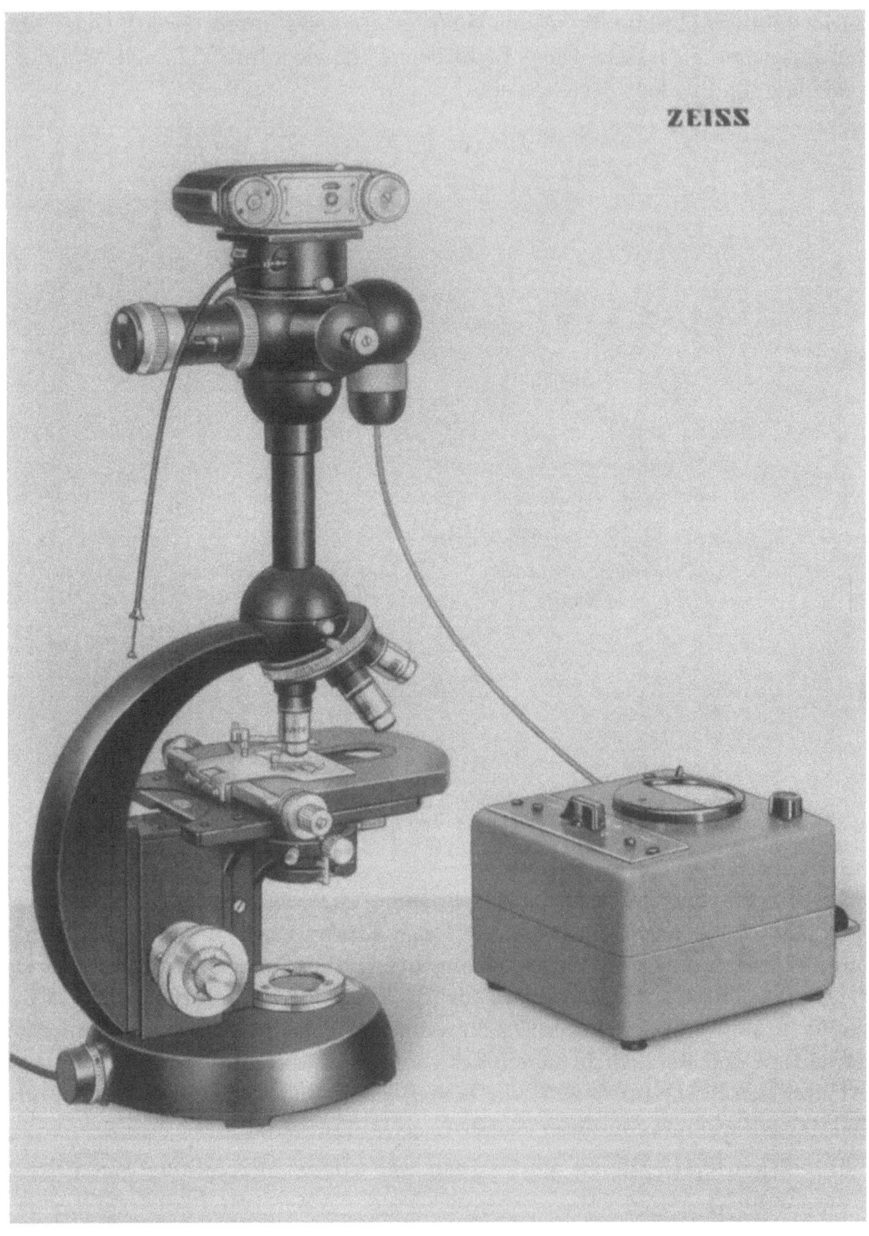

Abb. 69. Die bequemste Ermittlung der Belichtungszeit erfolgt mit Hilfe einer Photozelle. Die sehr empfindliche Lichtmeßeinrichtung von Zeiss hat den großen Vorteil, daß sie die abbildenden Lichtstrahlen oberhalb des Okulars in einem zur Negativebene stets konstanten Abstand mißt. Außerdem können die Messungen mit Filtern des mittleren Spektralbereiches durchgeführt werden. Dadurch fallen Zusatzberechnungen von Verlängerungsfaktoren durch Okular, Filter und Kameraabstand fort

Nachteil, daß der Faktor von Okular und Kameralänge jeweils in das Meßergebnis mit einbezogen werden muß.

Die Meßgeräte werden einmal auf das jeweils verwandte Negativmaterial geeicht. Nach der Eichtabelle können dann ohne Bedenken die erforderlichen Belichtungszeiten abgelesen werden. Bei Verwendung von Vakuum-Photozellen kann die Lichtmessung sogar ohne weiteres mit Filtern des mittleren Spektralbereiches (Gelb-Grün) vorgenommen werden. Im roten und blauen Bereich sind sie dagegen weniger empfindlich als z. B. die panchromatische Emulsion.

Bei Verwendung von Selen-Photozellen ist es ratsam ohne Filter zu messen (schon wegen der geringeren Empfindlichkeit). Hierbei muß also beim Meßergebnis der Verlängerungsfaktor des Filters berücksichtigt werden.

Dunkelfeld und dunkelfeldähnliche Abbildungen sind mit Photozellen nur bedingt auszumessen. Sie ergeben nur dann ein brauchbares Ergebnis, wenn die Lichtelemente sehr gleichmäßig über das Bildfeld verteilt sind. Um sicher zu gehen sollte man Probeaufnahmen durchführen.

Sind keine Meßgeräte vorhanden, muß die Belichtungszeit anhand von Probeaufnahmen ermittelt werden. Bei Kleinbildfilmen kann man jeweils zwei bis drei Aufnahmen mit verschiedenen Belichtungszeiten machen. Bei Verwendung von Platten wäre dieses Verfahren zu kostspielig. Hier ist es ratsam zur Probe die Streifenbelichtungsmethode zu wählen. Man führt auf einer Platte mehrere Expositionen durch, indem man den Kassettenschieber zunächst ganz herauszieht, um dann die Kassette für jede Einzelbelichtung um einen bestimmten Betrag wieder zu schließen. Außer den beiden ersten Belichtungszeiten, die gleich lang sein müssen, wählt man stets den doppelten Wert der vorhergehenden Belichtung.

Hier ein Beispiel:

1. Belichtung	1 sec				
2. Belichtung		1 sec			
3. Belichtung			2 sec		
4. Belichtung				4 sec	
5. Belichtung					8 sec
Summe der auf den einzelnen Streifen erhaltenen Belichtungszeiten	1 sec	2 sec	4 sec	8 sec	16 sec

Bei Wechsel des Negativmaterials und Wahl einer anderen Empfindlichkeit ist der jeweilige Verlängerungs- oder Verkürzungsfaktor zu berücksichtigen. (Je 3/10° DIN nach oben oder unten ergeben die doppelte oder die halbe Empfindlichkeit).

Das Schwarz-Weiß-Negativmaterial besitzt einen recht umfangreichen Belichtungsspielraum, so daß kleine Belichtungsschwankungen gut ausgeglichen werden. Bei Herstellung von Farbaufnahmen ist dagegen eine ganz exakte Belichtung erforderlich. Da Farbaufnahmen leider immer noch recht kostspielig sind, sollte man bei ihnen stets Lichtmeßeinrichtungen verwenden. Der beim Kauf der Meßgeräte oft abschreckende Preis amortisiert sich gerade bei Farbaufnahmen relativ schnell.

4. Die Scharfeinstellung und Belichtung

Vor der endgültigen Scharfeinstellung über die Kamera muß das jeweils ausgewählte Farbfilter in den Strahlengang eingeschaltet werden.

Bei Plattenkameras wird man im allgemeinen die Scharfeinstellung über die Mattscheibe vornehmen. Vorteilhaft ist die Verwendung besonders feinkörniger Mattscheiben, um auch feinste Strukturen beurteilen zu können. Selbstverständlich muß die Mattscheibe mit ihrer mattierten Fläche, deren Lage der der Plattenemulsion entspricht, zum Mikroskop zeigen. Durch Drehen der Mikrometerschraube in beiden Richtungen über die Schärfenebene hinaus, kann man die absolute Schärfe am sichersten ermitteln. Bei sehr feinstrukturigen Objekten wird die Scharfeinstellung erleichtert, indem man die Mattscheibe, die meist ein wenig locker im Rahmen sitzt, etwas hin und herbewegt. Durch diese Bewegung verwischt die Kornstruktur der Mattscheibe und die Objektstrukturen können klarer hervortreten.

Bei hohen Vergrößerungen empfiehlt es sich, die Mattscheibe durch eine Klarglasscheibe auszuwechseln und mit Hilfe eines Einstellfernrohres die Scharfstellung vorzunehmen. Vor der Scharfeinstellung mit dem Einstellfernrohr muß mit Hilfe der verstellbaren Augenlinse das Fadenkreuz der Klarglasscheibe scharf

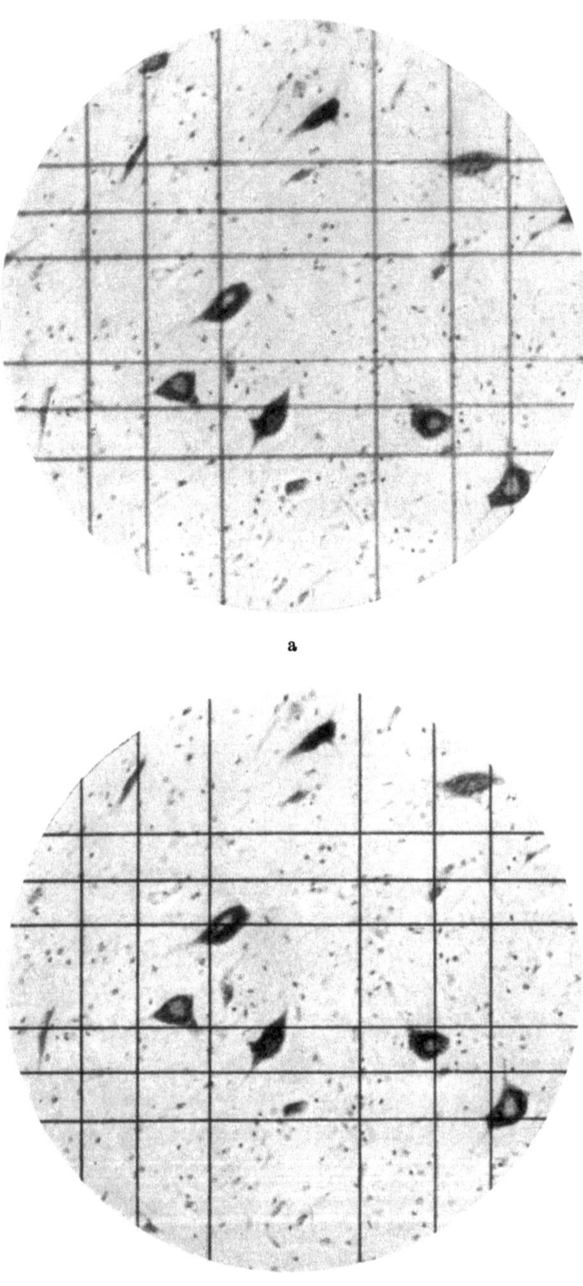

Abb. 70. Die Strichplatte im Einstellokular entspricht der Negativebene. Wird das Einstellokular nicht auf das Fadenkreuz scharfgestellt (a), wird auch die Aufnahme auf dem Negativ unscharf. Erst exakte Scharfeinstellung des Fadenkreuzes (b) führt zu scharfen Bildern

eingestellt werden. Erst dann wird die Schärfenebene des mikroskopischen Bildes mit der Mikrometerschraube gesucht. Diese Einstellungsart erfordert etwas Übung.

Bei den Aufsatzkameras erfolgt die Scharfeinstellung durch das Einstellokular. Auch hier muß mit Hilfe der verstellbaren Augenlinse zunächst auf ein Fadenkreuz oder die Bildumrandung scharf eingestellt werden.

Vor der Belichtung überzeugt man sich noch einmal, ob alle erforderlichen Vorbereitungen getroffen worden sind:

Lampe auf dem richtigen Spannungswert,
Filter eingeschaltet,
Verschluß eingestellt,
Film transportiert bzw. Kassettenschieber entfernt.

Speziell bei Aufsatzkameras, die mit dem Mikroskop fest verbunden sind, hantiere man sehr vorsichtig, damit die Einstellung nicht verändert wird. Lange Belichtungszeiten erfordern absolute Ruhe im Raum.

5. Die Negativentwicklung

Nach der Belichtung muß das Negativmaterial zur Sichtbarmachung des Bildes entwickelt werden. Die Bearbeitung kann unter Spezialdunkelkammer-Filtern von Agfa vorgenommen werden. Bei Verwendung des panchromatischen Filters ist zwar große Vorsicht geboten.

An Entwicklern für Negative gibt es eine so große Vielzahl auf dem Markt, daß es hier unmöglich ist, alle gesondert aufzuführen. Wenn nicht mit irgendwelchen Spezialnegativen (für Infrarotmaterial oder dergleichen) gearbeitet wird, empfiehlt es sich immer bei einer Entwicklersorte zu bleiben und sich auf diese einzuarbeiten. Ein ständiger Wechsel der Entwickler ist nur verwirrend und beeinträchtigt leicht das Ergebnis.

Nach den heutigen Erfahrungen können für die modernen Negativemulsionen folgende Entwickler als besonders geeignet empfohlen werden:

Für Platten. Ausgleichsentwickler, wie Rodinal oder Perinal in der Verdünnung 1:20. Bei 18° beträgt die Entwicklungszeit etwa 4 min. Bei stärkerer Konzentration (1:15) arbeitet der Entwickler kräftiger, bei stärkerer Verdünnung (1:25) weicher. Dieser Entwickler ist für alle Plattensorten zwischen 12 und 20/10° DIN gut verwendbar.

Für Kleinbildfilme. 1. Ausgleichsentwickler, wie Rodinal oder Perinal, in der Verdünnung 1:50. Bei 18° beträgt die Entwicklungszeit 12—15 min. In dieser Verdünnung ist der Entwickler gut geeignet für alle Filmsorten bis 20/10° DIN. Für höher empfindliche Filme nur dann, wenn nicht über das Format 13 × 18 cm im Positivverfahren vergrößert wird

2. Feinkornentwickler, wie Atomal, Final o. ä. Die Entwicklungszeit richtet sich nach der der Packung beiliegenden Entwicklungstabelle. Dieser Entwickler arbeitet etwas weicher als der unter 1 genannte, aber dafür etwas feinkörniger. Er ist für alle Filmsorten gut geeignet, besonders für die höher empfindlichen.

In Spezialfällen, wie für Auflicht- oder Dunkelfeldaufnahmen von lebenden Objekten, muß man, um auf eine möglichst kurze Belichtungszeit zu kommen, zu höchstempfindlichen Filmen greifen (Gevapan 36, Kodak TRI X). In diesen

Fällen empfiehlt es sich mit Atomal oder ähnlichen Entwicklern zu arbeiten. Vor „Ultrafeinkornentwicklern" wird in der normalen Arbeit gewarnt. Ihre Verwendung erfordert viel Erfahrung und führt leicht zu sehr weichen Negativen.

Werden nur gelegentlich Negative entwickelt, wird zu den erstgenannten Ausgleichsentwicklern geraten. Sie haben den Vorteil, daß sie in der konzentrierten Lösung unbegrenzt haltbar sind. Zu jeder Entwicklung wird stets ein neuer Ansatz verwendet, gegenüber den anderen Entwicklersorten, bei denen in einem Ansatz 8—10 Filme entwickelt werden. Da sich je nach Verbrauchsgrad des Entwicklers die Entwicklungszeit verlängert, muß die Zahl der mit einem Ansatz durchgeführten Entwicklungen stets sehr sorgfältig auf der Flasche vermerkt werden. Werden gebrauchte Entwickler längere Zeit nicht benutzt, verlieren sie an Haltbarkeit.

Entwicklungsvorgang. Platten werden in Schalen entwickelt. Bei orthochromatischen Platten kann man die Entwicklung unter rotem Dunkelkammerlicht beobachten. Die Platte ist durchentwickelt, wenn die helle Lichthofschutzschicht, die auf der Rückseite zu sehen ist, anfängt glasig zu werden. Die ersten dunklen Konturen schimmern dann durch. In der Durchsicht müssen die dunklen Konturen kräftig gedeckt sein. Panchromatische Platten werden am besten ganz im Dunkeln nach der Uhrzeit entwickelt. Es gibt zwar auch für diese Platten Dunkelkammerfilter (dunkelgrün), doch hat die Erfahrung gezeigt, daß die Schicht unter derartigen Filtern leicht verschleiert. Während der Entwicklungszeit ist die Schale leicht zu bewegen, damit immer frischer Entwickler auf die Schicht kommt. Nach dem Entwickeln spült man die Platte kurz in Wasser ab und legt sie ins Fixiernatron. Der Ansatz für das Fixiernatron ist:

auf 1000 cm³ Wasser

250 g Fixiernatron

25 g Kaliummetabisulfit.

Platten werden etwa 10—15 min fixiert. Sind die Platten nach 8 min nicht klar, ist das Fixiernatron verbraucht und muß erneuert werden. Ganz besonders achte man darauf, daß kein Fixiernatron mit dem Entwickler in Berührung kommt. Schon geringe Mengen davon können den Entwickler verderben. Um Verwechslungen zu vermeiden, ist es zweckmäßig seine Flaschen auffällig zu etikettieren.

Nach dem Fixieren werden die Platten 20 min gewässert, und zwar unter ständig fließendem Wasser. Hierzu stellt man die Platten in einen Plattenkorb, damit das Fixiernatron gut herausgespült werden kann. Außerdem vermeidet man dadurch, daß sich die Platten durch den Wasserstrom in Bewegung setzen und verschrammen.

Sind die Platten ausgewässert, streift man sie vorsichtig mit einem einwandfrei sauberen, feuchten Ledertuch auf Glas- und Schichtseite ab und stellt sie auf einen Trockenständer in einen möglichst staubfreien Raum zum Trocknen.

Hat man sehr kalkhaltiges Wasser, ist es zweckmäßig, die Platte nach dem Wässern in aqua dest. abzuspülen, damit sich beim Trocknen keine Rückstände bilden.

Bei der Filmentwicklung ist der Vorgang der gleiche, nur die Hilfsmittel ändern sich. Statt Schalen werden Entwicklungsdosen genommen. Das Arbeiten mit diesen Dosen ist besonders sauber und einfach, da man die ganze Entwicklung bei Tageslicht durchführen kann.

Zur Zeit sind drei Typen von Entwicklungsdosen im Handel:

1. Die Correx-Dose. Bei dieser Dose wird der Film zwischen einem Celluloidband auf eine Spule aufgewickelt. Das Band hat an den Rändern erhöhte Nocken, die den eingerollten Film auf beiden Seiten hohl liegen lassen.

2. Die Jobo-Dose. Hier wird der Film in eine Spiralspule eingeschoben. Um Schwierigkeiten beim Einschieben zu vermeiden, empfiehlt es sich, den Anfang des Films etwas rund anzuschneiden, damit keine scharfen Kanten vorhanden sind.

3. Die Tageslichtdose. Diese Dose hat den großen Vorteil, daß man den Film auch bei Tageslicht einlegen kann. Außerdem ist ein Bildzähler vorhanden, der es ermöglicht, von einem ganzen Film nur eine bestimmte Bildzahl zu entwickeln.

Bei den beiden ersten Dosen wird der Film im Dunkeln eingelegt. Man gießt den Entwickler am besten schon vorher in die Dose und setzt dann die Spule mit dem Film unter lebhafter Bewegung hinein. Damit verhindert man die Bildung von Luftblasen auf der Schicht. Der Deckel wird aufgesetzt und anschließend kann man mit der Dose an das Tageslicht gehen. Während der Entwicklungsdauer bewege man die Spule mit dem dazugehörigen Zapfen ab und zu. Nach der Entwicklung gießt man den Entwickler aus der geschlossenen Dose aus, spült mit Wasser durch und füllt die Dose mit Fixiernatron. Die Fixierzeit dauert etwa 8—10 min. Anschließend wird das Fixierbad zurückgegossen und der Film in der „geschlossenen" Dose 20 min unter fließendem Wasser gewässert. Zum Trocknen wird auch der Film ganz vorsichtig abgeledert. Man achte ganz besonders darauf, daß der zum Abtrocknen bestimmte Lederlappen immer sauber gehalten und nicht für andere Dinge gebraucht wird. Schon das kleinste Körnchen kann die sehr empfindliche, aufgeweichte Schicht beschädigen.

Ist es einmal erforderlich ein Negativ schnell zu trocknen, gehe man recht vorsichtig zu Werke. Schnelltrocken-Methoden über Heizungen oder dergleichen sollte man gar nicht erst versuchen. Ist kein Trockenschrank vorhanden, kann man sich mit Spiritus behelfen. Hierbei ist zu beachten, daß das Negativ sehr sorgfältig fixiert und gewässert sein muß, da es anderenfalls zu Schlierenbildungen kommt, die schwer wieder zu entfernen sind (gegebenenfalls neu fixieren und wässern!). Nach dem Wässern wird das Negativ 3—5 min in Spiritus bewegt. Eine kürzere Zeit ist nicht ratsam, da der Spiritus die Schicht ganz durchdringen muß. Anschließend wird das Negativ durch Wedeln getrocknet (keinesfalls abwischen oder über Wärme gehen!).

6. Das Positiv-Verfahren

Als Positivmaterial verwendet man am besten weißglänzende Papiere. Diese Oberfläche gibt eine sehr brillante Wiedergabe, wie sie bei wissenschaftlichen Aufnahmen gewünscht wird. Es gibt unterschiedliche Papiere für das Kopier- und Vergrößerungsverfahren. Sie sind in sechs Härtegraden von „Extra Hart" über „Hart", „Normal", „Spezial", „Weich" bis „Extra Weich" unterteilt. Man sollte seine Negative aber möglichst so halten, daß man sie auf den Härtegraden „Normal" und „Spezial" weiterverarbeiten kann, da diese die günstigsten Grauabstufungen aufweisen.

Ist ein Negativ durch unterschiedliche Dicke des Präparates nicht gleichmäßig ausgeleuchtet oder weist es zu starke Kontraste auf, ist es nötig, bei der

Herstellung des Positives das Gesamtbild auszugleichen. Da dieses Ausgleichen beim Vorgang des Kopierens sehr umständlich und schwierig ist, außerdem ein mikrophotographisches Bild leicht eine Randunschärfe aufweist, ist es ratsam, seine Positive mit einem Vergrößerungsgerät herzustellen.

Das Ausgleichen geht folgendermaßen vor sich: Sind im Negativ zu helle Stellen, die im Positiv zu dunkel und ohne Zeichnung erscheinen würden, hält man die

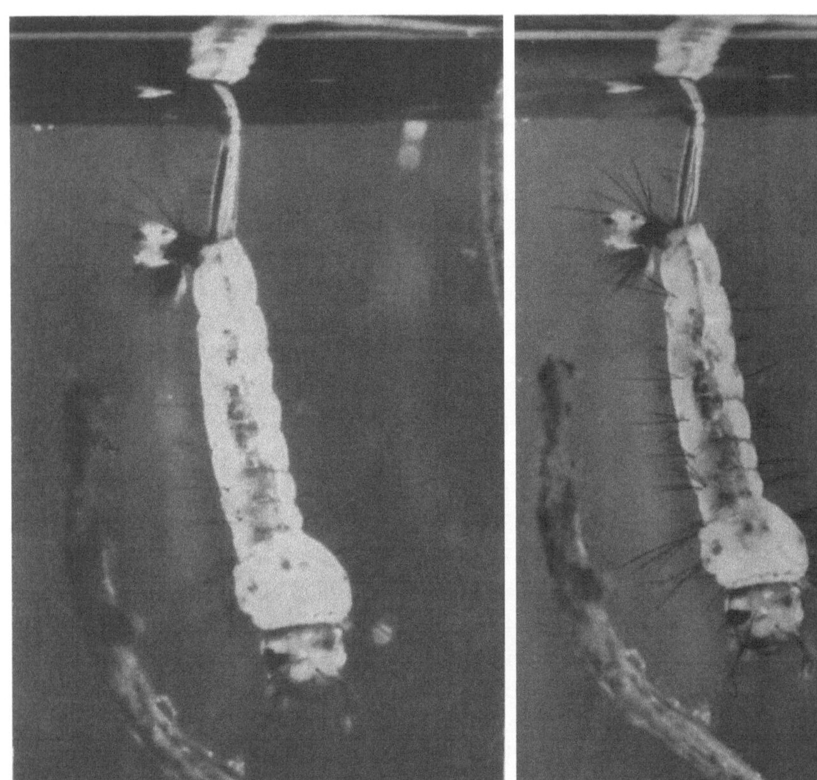

Abb. 71. Durch Ausgleichsarbeiten im Positiv-Verfahren kann aus einer Aufnahme noch viel herausgeholt werden.

a) In dieser Lupenaufnahme einer Mückenlarve sind große Lichtunterschiede, die sich in der unbearbeiteten Vergrößerung in Überstrahlungen bemerkbar machen. Viele Strukturelemente sind überhaupt nicht zu erkennen; b) diese Vergrößerung des gleichen Negativs zeigt, was durch ausgleichende Bearbeitung erreicht werden kann. Nach kurzer Gesamtbelichtung wurde der Untergrund zurückgehalten und der Larvenkörper nachbelichtet

Lichtstrahlen dieser hellen Stellen während der Belichtung durch Abwedeln mit der Hand zurück. Sind einige Stellen im Negativ zu dicht, müssen dies nach der Gesamtbelichtung nachbelichtet werden. Handelt es sich um große Stellen, hält man die Strahlen der nicht nachzubelichtenden Flächen mit der Hand zurück. Hierbei werden die Hände leicht bewegt, um einen weich verlaufenden Übergang zu bekommen. Bei kleinen Partien empfiehlt es sich, das Bild mit einem schwarzen Tuch abzudecken und nur die betreffende Stelle freizuhalten. Diese Arbeitsweise erfordert einige Erfahrung.

Man kann aber auch mit anderen Möglichkeiten arbeiten. Sind auf dem Negativ zu helle Stellen, kann man diese vor der Positivbearbeitung mit Neu-Coccin abdecken. Die betreffenden Partien werden mit der Lösung angefärbt bis die gewünschte Dichte erreicht ist. Sollte die Färbung zu stark geworden sein, kann man den Farbstoff leicht wieder auswässern.

Verschleierte oder zu stark überbelichtete Negative behandelt man am besten mit Farmerschen Abschwächer. Hier das Rezept:

Lösung A 100 cm³ Wasser,
5 g rotes Blutlaugensalz,
Lösung B 500 cm³ Wasser,
25 g Fixiernatron.

Zum Abschwächen von Negativen mischt man 1 Teil der Lösung A mit 5 Teilen der Lösung B. Die Lösungen sind, getrennt in dunklen Flaschen aufgehoben, unbegrenzt haltbar. Das Abschwächen muß vorsichtig geschehen. Es ist ratsam, die Negative zwischendurch in Wasser abzuspülen und den Grad der Abschwächung zu kontrollieren. Anschließend muß das Negativ wieder gewässert werden.

Um Fehlbelichtungen und falsche Wahl eines Härtegrades zu vermeiden, empfiehlt es sich, auch im Positiv-Verfahren auf kleinen Papierstreifen Probebelichtungen durchzuführen. Der Probestreifen muß so über das Bild verteilt liegen, daß alle Kontraste des Negativs erfaßt werden, um beurteilen zu können, ob Teile des Bildes nachbelichtet oder zurückgehalten werden müssen.

Für gelegentliche Positivarbeiten benutze man die ansatzfertigen Entwicklerpackungen. Hat man dagegen laufend Positive herzustellen, ist der eigene Ansatz des Entwicklers bedeutend rentabler. Das nachfolgende Rezept hat sich in der Praxis gut bewährt:

auf 1000 cm³ Wasser,
1,5 g Metol,
25 g Natriumsulfit (sicc),
6 g Hydrochinon,
37 g Soda (sicc),
1 g Bromkali.

Die Entwicklungszeit beträgt bei 18° etwa 2—3 min. Für das Fixierbad gilt das gleiche Rezept, wie es bei der Negativentwicklung angeführt ist. Gutes Fixieren und Wässern ist äußerst wichtig! Davon hängt die Haltbarkeit der Bilder ab. Man fixiere also sorgfältig unter gelegentlichem Bewegen der Bilder 10—15 min lang und wässere bei ständig fließendem Wasser 20—30 min lang. Vorteilhaft ist es, das Wasser 2—3 mal ganz abfließen zu lassen und zu erneuern, da sich das ausgewaschene Fixiernatron am Boden des Wässerungsbehälters sammelt. (Nicht erforderlich bei Wässerungstrommeln.) Anschließend werden die Bilder in der Hochglanzpresse getrocknet.

Großformatige Diapositive lassen sich ebenfalls wegen der besseren Ausgleichsmöglichkeiten mit dem Vergrößerungsapparat herstellen. Für Kleinbilddias verwendet man die auf dem Markt befindlichen Diakopiereinrichtungen.

Diapositivmaterial ist in den Gradationen nicht so reichhaltig abgestuft wie die Vergrößerungspapiere. Verwendbar sind eigentlich nur die Gradationen „Normal" und „Hart". Um trotzdem Ausgleichsmöglichkeiten zu haben, bediene man sich der Drei-Schalen-Entwicklung (siehe Tab. 4).

Tabelle 4

	weich arbeitend	normal arbeitend	hart arbeitend
Wasser	1000 cm³	1000 cm³	1000 cm³
Metol	2 g	1,5 g	1 g
Natriumsulfit (sicc) . . .	30 g	25 g	35 g
Kaliummetabisulfit . . .	5 g	—	—
Hydrochinon	2 g	5 g	8 g
Soda (sicc)	25 g	30 g	—
Pottasche	—	—	50 g
Bromkali.	1 g	2 g	4 g

Die Chemikalien müssen stets in der angegebenen Reihenfolge gelöst werden.

Man entwickelt das Dia im normalen Entwickler an. Nach Sichtbarwerden des Bildes kann man schon beurteilen, ob es normal kommt oder zu weich bzw. zu hart. Je nach dem Bildcharakter läßt man das Dia in einem der beiden anderen Ansätze ausentwickeln.

Um brillante Diapositive zu erhalten, empfiehlt sich die Anwendung folgender Regel: Das Dia normal belichten, etwas überentwickeln bis sich ein ganz leichter Schleier zeigt, anschließend an das Fixieren im Farmerschen Abschwächer klären. Hierbei ist Vorsicht geboten. Nur soviel abschwächen, bis der Schleier gerade verschwindet. Kurz nachfixieren, wässern und trocknen, wie Plattennegative.

7. Die Farbaufnahme

Die Farbaufnahme setzt sich in der wissenschaftlichen Photographie immer stärker durch. Sie ist demonstrativer als die Schwarz-Weiß-Photographie und erlaubt die Differenzierung farblich unterschiedlicher Details. Auf dem Gebiet der Mikrophotographie ist die Farbaufnahme nicht immer zweckmäßig. Ihre Hauptanwendungsmöglichkeit liegt in dem Gebiet der Histologie, in dem die Farbe vorherrschend ist. Phasenkontrastaufnahmen dagegen eignen sich fast immer besser für die Schwarz-Weiß-Darstellung, da man vielfach durch Lichtfilterung das Phasenkontrastbild verbessern kann. Überhaupt bei allen farblich flauen Objekten erzielt man mit der Schwarz-Weiß-Photographie bessere Ergebnisse.

Und doch ist das Gebiet der Mikrofarbphotographie auch recht umfangreich und lohnenswert. Bei Farbaufnahmen müssen in der mikroskopischen Technik einige Dinge beachtet werden, so z. B. die Wahl der optischen Ausrüstung und die des Lichtes. Für farbige Wiedergaben müssen, da keine Farbfilter benutzt werden dürfen, hochwertige Objektive zur Verfügung stehen. Man verwende Fluoritsysteme, noch zweckmäßiger sind Apochromate, sowie Kompensationsokulare. Erst dann hat man die Gewähr, eine farbgetreue Wiedergabe zu erhalten.

Auch die Lichtquelle kann den farblichen Charakter des Bildes stark beeinflussen. Bei Anwendung von Niedervoltglühlampen achte man darauf, daß die Lampe mit voller Spannung, möglichst sogar mit Überspannung brennt. Nicht voll belastete Lampen haben einen sehr starken Rot-Anteil und würden unweigerlich zu farbstichigen Bildern führen. Zur Schwächung des Lichtes reguliere man also nicht die Stromstärke, sondern verwende gegebenenfalls Neutralglasfilter.

Außerdem muß bei diesem Lampentyp Kunstlichtfilm benutzt werden. Für die Verwendung von Tageslichtfilmen sind Spezial-Korrektionsfilter erforderlich. Diese Korrektionsfilter sind in den Gebrauchsanweisungen der Filme jeweils vermerkt und sind für die Emulsionen der verschiedenen Fabrikate unterschiedlich. Agfa liefert für ihre Filme folgende Ausgleichsfilter:

Für Kunstlichtfilme:

bei Verwendung von Bogenlicht — Agfa K 27 (violett)
Verlängerungsfaktor 1—2

bei Verwendung von Blitzlicht — Agfa K 32 (hellgelb)
Verlängerungsfaktor 1,5

Für Tageslichtfilme:

bei Verwendung von Glühlampen — Agfa K 69 (blau)
Verlängerungsfaktor 5—6

Die günstigste Lichtquelle für Farbaufnahmen ist die Xenonlampe, da sie ein sonnenähnliches Spektrum aufweist. Bei Verwendung dieser Lampe muß Tageslichtfilm gewählt werden. Bogenlicht führt gelegentlich zu Farbverfälschungen, die nicht immer mit Korrektionsfiltern auszugleichen sind. Hg-Licht ist für Farbaufnahmen wegen des stark kurzwelligen Anteils gar nicht zu gebrauchen.

Nun zur Frage des Filmmaterials! Es gibt bekanntlich zwei Farbverfahren, das Umkehrverfahren und das Negativ-Positiv-Verfahren. Die Entscheidung für das eine oder andere ist nicht ganz einfach und muß gründlich durchdacht werden. Der Farbumkehrfilm liefert nach der Entwicklung ein farbrichtiges Diapositiv. Die Farbwiedergabe bei Umkehrfilmen ist bei richtiger Belichtung sehr gut und äußerst brillant. Der Nachteil dieses Verfahrens ist, daß man nur ein Unikat zur Verfügung hat. Neuerdings ist es möglich, von den Originalen weitere Umkehrkopien herstellen zu lassen. Dieses ist jedoch sehr teuer, außerdem verschlechtert sich in den meisten Fällen die Farbwiedergabe.

Der Farbnegativfilm liefert nach der Entwicklung ein komplimentärfarbiges Negativ, von dem beliebig viel Positive gemacht werden können, und zwar nicht nur Diapositive, sondern auch farbige Papierdrucke. Dieses ist natürlich ein außerordentlicher Vorteil, doch hat das Verfahren auch seine Nachteile. Das Negativverfahren hat eigentlich nur Sinn, wenn man ein eigenes gut eingerichtetes Farblabor mit einer erstklassig ausgebildeten Fachkraft zur Vefrügung hat. Die Kopier- und Vergrößerungsarbeit ist recht kompliziert und erfordert eine sehr große Erfahrung. Gibt man diese Arbeit in ein auswärtiges Fachlabor, muß man in den meisten Fällen gerade bei Mikroaufnahmen mit recht unbefriedigenden Ergebnissen rechnen. Da die Bearbeiter in den fremden Farblabors nicht mit der Materie vertraut sind, also sich praktisch unter den Mikrobildern nichts vorstellen können und die wirklichen Farben der Präparate nicht kennen, ist es für sie unmöglich, im Positivverfahren die entsprechend richtigen Filter zu wählen, von denen allein die farbrichtige Wiedergabe abhängig ist. Um ein wirklich farbechtes Mikrobild zu erhalten, müßte man im Labor ein Mikroskop stehen haben und laufend die aufgenommenen Präparate mit den Positiven vergleichen. Weiterhin sollte man bedenken, daß das farbige Papierbild bei weitem nicht so brillant ist wie das Diapositiv.

In der letzten Zeit ist ein weiterer Faktor aufgetreten, der sehr zu denken gibt. Es häufen sich die Meldungen, daß bei alten Aufnahmen die Farben verblassen oder sich ändern. Bei unsachgemäßer Lagerung treten diese Phänomene sehr schnell auf. Da man bezüglich der Haltbarkeit der Farbfilme von seiten der Industrie noch keine Garantie erhält, sollte man stets bei wichtigen Arbeiten gleichzeitig mit den Farbaufnahmen Schwarz-Weiß-Bilder herstellen.

Da das Negativ-Positiv-Verfahren so außerordentlich komplex und vielfältig ist, kann es im Rahmen dieses Buches nicht hinreichend erläutert werden. Hierüber orientiere man sich in der entsprechenden Fachliteratur. Wer das Verfahren selbst durchführen will, kommt nicht umhin, einen entsprechenden Kursus bei der Industrie oder in einer Fachschule zu absolvieren.

Beim Umkehrverfahren wird der Film nach der Belichtung in ein Umkehrlabor der jeweiligen Herstellerfirma gesandt, um dort bearbeitet zu werden. Die Kosten für die Entwicklung sind bereits im Kaufpreis enthalten.

Neben den am Anfang genannten Grundsätzen (Wahl der optischen Ausrüstung und des Lichtes) ist eigentlich für ein Gelingen der Aufnahme nur noch eine sehr genaue Belichtung erforderlich. Der Farbfilm hat einen relativ geringen Belichtungsspielraum und zeigt bei der geringsten Abweichung bereits farbunechte bzw. farbstichige Wiedergaben. In der Farbphotographie ist also die Benutzung von Lichtmeßeinrichtungen unerläßlich. Das Meßgerät muß sehr genau geeicht sein, am vorteilhaftesten an einem vielfarbigen Objekt. Ist keine Lichtmeßeinrichtung vorhanden, empfiehlt es sich mehrere Aufnahmen zu machen, wobei es zwar immer noch vorkommen kann, daß die erforderliche Belichtungszeit zwischen den gewählten Zeiten liegt. Da der Farbfilm sehr teuer ist, sollte man sich zu der Anschaffung eines Meßgerätes entschließen. Man kann sich dadurch viel Geld und viel Ärger an mißlungenen Aufnahmen ersparen.

IV. Ratschläge aus der Praxis für die Praxis

In den bisherigen Kapiteln wurden die grundlegenden mikroskopischen Untersuchungsarten mit ihren Einstellungsmethoden beschrieben. Auch bei Beherrschung dieser Arbeitsgänge werden in der Praxis immer wieder Schwierigkeiten
auftreten, um das eine oder andere Objekt in der gewünschten Form zur Darstellung zu bringen. Man wird vielfach seine Präparationsmethoden ändern oder
auch mit seinen Einstellungen am Mikroskop variieren müssen. Auf Grund der
außerordentlichen Vielfalt der mikroskopischen Arbeit, wird man vorwiegend in Ab-
hängigkeit vom Objekt auf das selbständige Experimentieren angewiesen sein, wobei aber stets auf eine exakte mikroskopische Einstellung Wert gelegt werden sollte.

An dieser Stelle sollen einige Ratschläge aus der praktischen Arbeit gegeben
werden. Verständlicherweise kann dieses nur in einem beschränkten Umfang geschehen, doch wird der eine oder andere sicher auch einen Hinweis für sein jeweiliges Arbeitsgebiet finden.

Bereits an anderer Stelle wurde darauf hingewiesen, daß das Arbeiten mit
Immersionsobjektiven größte Sorgfalt erfordert. Trockenobjektive erreichen eine
numerische Apertur bis etwa 0,95. Höhere Aperturen (über 1,0) werden nur mit
Immersionsobjektiven erzielt, also mit solchen Objektiven, bei denen Deckglas
des Präparates und Frontlinse mit einer Immersionsflüssigkeit verbunden werden.
Hierdurch wird erreicht, daß die Lichtstrahlen beim Austritt aus dem Deckglas
je nach dem Brechungsindex des Immersionsmittel nur schwach oder gar nicht
abgebeugt werden. Als Immersionsmittel wird je nach Objektivart entweder
Wasser mit einem Brechungsindex von 1,333 oder Zedernöl mit einem Brechungsindex von 1,515 gegenüber dem Brechungsindex von Glas mit 1,518 verwandt.

Das Öl muß sehr sorgfältig behandelt werden, damit es nicht seinen Zustand
und damit seinen Brechungsindex verändert. Es muß stets in kleinen Flaschen
mit wenig Luftinhalt bei normaler Zimmertemperatur aufbewahrt werden. Wird
das Öl längere Zeit der Luft ausgesetzt, dickt es ein, bei feuchter Luft nimmt es
sogar mikroskopisch kleine Feuchtigkeitströpfchen auf und wird dadurch unbrauchbar. Um das Öl luftblasenfrei zu halten, sollte man es auch möglichst nicht
schütteln.

Zum Arbeiten taucht man ein sauberes Glasstäbchen in das Öl und setzt den
hängenden Tropfen auf das Deckglas oder die Frontlinse des Kondensors. Ein
Fallenlassen des Tropfens auf die Unterlage hat meist Bildung von Luftblasen zur
Folge.

Zur Reinigung der mit Öl behafteten Teile verwende man saubere, weiche
Leinenlappen. Zunächst wird das Öl mit einem trockenen Lappen abgewischt.
Anschließend entfernt man mit einem mit Xylol oder Äther getränkten Lappen
die Restbestände des Öls. Die Reinigung erfolgt sofort nach der Arbeit, damit das
Öl nicht erst antrocknen kann.

Große Schwierigkeiten bereiten immer wieder Aufnahmen von dicken Objekten, bei denen die Tiefenschärfe des Objektivs nicht ausreicht, alle gewünschten Strukturelemente scharf abzubilden. Hier gibt es eine Aufnahmemöglichkeit, die oft erstaunliche Ergebnisse erzielt: *Die Stufeneinstellung.* Man kann diese Aufnahmeart natürlich nicht überall anwenden. Voraussetzung ist, daß das Objekt nicht zu dicht strukturiert ist und daß sich die Strukturelemente in der Tiefe nicht decken. Wie der Name schon sagt, wird in mehreren Stufen, also in verschiedenen Schärfeebenen aufgenommen, und zwar auf ein Negativ. Es empfiehlt sich, nicht mehr als drei Einstellebenen zu wählen. Ganz wenige Objekte lassen auch bis zu fünf Aufnahmestufen zu. Vorteilhaft ist es für diese Aufnahmemethode, eine Kamera mit Einstellokular und Strahlenteilungsprisma zu verwenden, bei der das Prisma während der Aufnahme eingeschaltet bleibt. Weiterhin empfiehlt es sich, Objektive mit möglichst geringer Tiefenschärfe zu wählen, damit Strukturelemente, die außerhalb der jeweiligen Schärfenebene liegen, nicht als störende Schatten im Bild erscheinen. Aus diesem Grund ist es auch ratsam, die Aperturblende am Kondensor nur so wenig wie gerade erforderlich zu schließen. Handelt es sich um eine nur sehr geringe Tiefendifferenz, kann man unter Beobachtung des Präparates die Mikrometerschraube während der Aufnahme vorsichtig hin und herbewegen. Liegen die einzelnen Schärfeebenen aber weiter auseinander, werden zwei bis drei Einzelaufnahmen mit jeweiliger, gesonderter Scharfeinstellung durchgeführt.

Ist nur eine Kamera mit Mattscheibeneinstellung ohne Einstellokular vorhanden, können die Einstellwerte vorher an der Mikrometerschraube festgelegt werden. Der Feintrieb darf dann aber nur in einer Richtung gedreht werden, da, zumal bei älteren Mikroskopen, gelegentlich ein toter Gang vorhanden ist, der bei dieser Einstellungsart natürlich schaden würde.

Die Summe der Einzelbelichtungen muß je nach Zahl der Stufen 25—40% höher sein, als der ermittelte Wert für eine gleichartige, normale Aufnahme. Würde man also bei einer normalen Aufnahme 10 sec belichten, muß die Summe der Einzelbelichtungen 13—14 sec betragen. Diese Summe teilt man durch die Anzahl der Stufen; angenommen drei, so würde man also für jede Einzelbelichtung $4^{1}/_{2}$ sec benötigen. Die Entwicklung erfolgt in einem Ausgleichsentwickler (Rodinal oder Perinal). Es ist vorteilhaft, mit stärkerer Verdünnung und längerer Entwicklungszeit zu arbeiten, um einen besseren Ausgleich hervorzurufen.

Für Durchlicht-Objekte mit plastischer Oberfläche, die für die Auflichtmikroskopie aber nicht geeignet sind, bieten sich gute Darstellungsmöglichkeiten mit der *Schrägbeleuchtung.* Hierzu wird ein Abbescher Beleuchtungsapparat benötigt, der leider an den modernen Mikroskopen nur noch selten zu finden ist. Beim Abbeschen Beleuchtungsapparat ist die Aperturblende nicht mit dem Kondensor fest verbunden, sondern sie befindet sich unter dem Kondensor an einem um 360° drehbaren und nach zwei Seiten verstellbaren Trägerstück. Mit Hilfe dieses verstellbaren Trägerstückes kann die Aperturblende in jede beliebige asymmetrische Stellung gebracht werden, so daß das Licht einseitig schräg auf das Objekt geworfen wird. Die Einstellung erfolgt zunächst streng nach dem Köhlerschen Beleuchtungsprinzip, anschließend wird die Blende durch seitliche Verschiebung und Drehung so lange verstellt, bis der günstigste Beleuchtungseffekt gefunden ist. Für einige moderne Mikroskope z. B. Ortholux, die keinen Abbeschen Beleuchtungsapparat

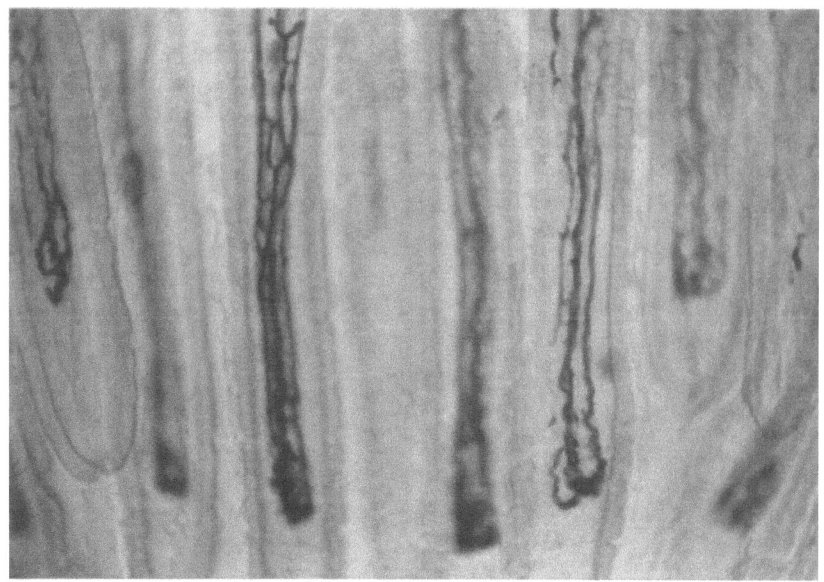

a

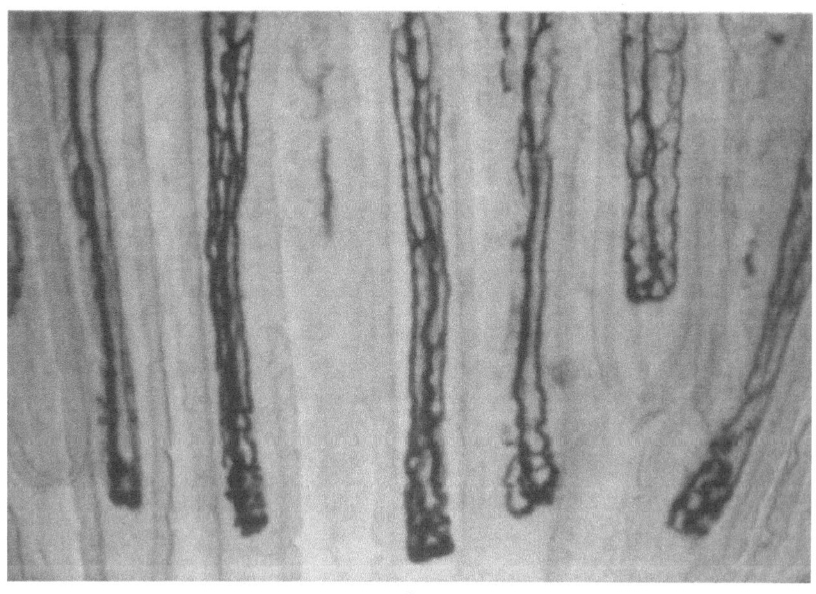

b

Abb. 72. Anwendungsmöglichkeit der Stufeneinstellung

a) Dieses Präparat ist zu dick. Die injizierten Gefäße in der Darmwand liegen in verschiedenen Ebenen. In der normalen Aufnahme werden nur wenige Gefäßschlingen scharf abgebildet

b) Mit der Methode der Stufeneinstellung kann eine Schärfenwirkung durch die gesamte Tiefe des Objektes erzielt werden

besitzen, gibt es zusätzlich verstellbare Blenden, die aber vielfach nicht in allen Vergrößerungsbereichen zu verwenden sind.

In der Phasenkontrastmikroskopie muß der *Objektpräparation* ganz besondere Aufmerksamkeit gewidmet werden. Zunächst müssen die Einbettungsmedien sehr

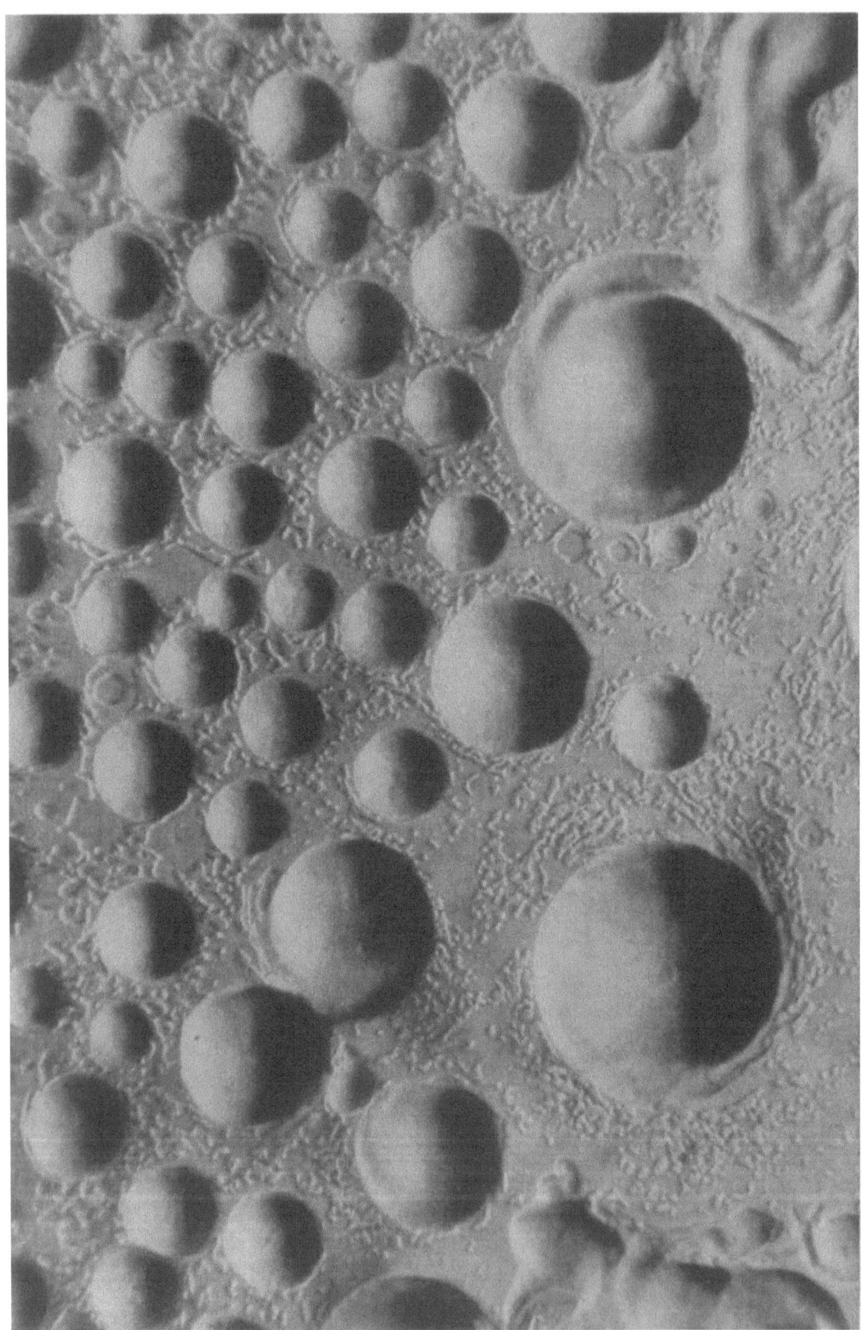

Abb. 73. Mit der Schrägbeleuchtung können sehr plastisch wirkende Aufnahmen hergestellt werden. Hier eine Übersichtsaufnahme rotierender Kolonien von Bacillus circulans (Vergr. 15×)

sauber sein, da jedes kleinste Schmutzteilchen mit abgebildet wird. Weiterhin sollte man seine Präparate (meist wird es sich um Lebend-Kulturen handeln) so dünn wie irgend möglich halten. Kammern aus 1—2 mm starkem in der Mitte durchbrochenen Objektträgern (Durchbrechung etwa $1^1/_2$—2 cm $\varnothing$), die von beiden Seiten mit Deckgläsern verschlossen werden, haben sich in der Praxis recht gut bewährt. Statt der durchbohrten Objektträger können auch Metallrahmen (V 2 A : Stahl) verwandt werden. Wichtig ist nur das Prinzip, möglichst dünne Gläser und möglichst geringe Zwischenräume zu wählen. Untersuchungen am hängenden Tropfen sind im Phasenkontrast fast immer unbefriedigend, ebenso wie Untersuchungen an Objekten in Hohlschliffobjektträgern, da die gebogenen Glas- oder Flüssigkeitsoberflächen stets zu zusätzlichen optischen Effekten führen.

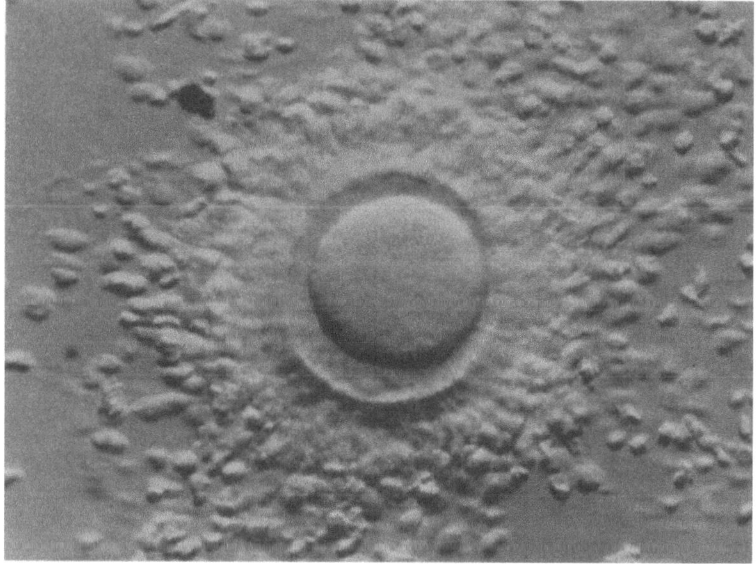

Abb. 74. Darstellung eines unbefruchteten Kannincheneies im Schräglicht. Durch diese Beleuchtungsart werden die keulenförmigen Zellen der Corona radiator, die die Zona pellucida umgeben, besonders gut hervorgehoben

Im Phasenkontrast stören häufig die starken *Beugungssäume* um die Objektränder. Sie sind einerseits von der Objektdicke abhängig, andererseits von den unterschiedlichen Brechungsverhältnissen von Objekt und Einbettungsmittel. Die Brechzahl des Einbettungsmittels muß in einem bestimmten Verhältnis zur Brechzahl der Objektstrukturen stehen. Bei Gelatinepräparaten ist diese Angleichung nicht schwierig, da sich der Brechungsindex je nach Konzentration ändert. Schwieriger ist es bei Gewebekulturen, die an spezielle Nährmedien gebunden sind. Hier zeichnen BARER und JOSEPH* recht gute Wege auf, wie man, auch bei solchen Kulturen, durch geeignete Zusammensetzung der Nährmedien zu befriedigenden Ergebnissen kommt. Da eine nähere Erläuterung zu weit führen würde, sei nur auf die entsprechende Arbeit der beiden Wissenschaftler hingewiesen.

---

* R. BARER and S. JOSEPH, Refractometry of Living Cells. I. Quarterly of Microscopical Science, Vol. 95, 4, 399—423 (1954); II. Quarterly of Microscopical Science, Vol. 96, 1, 1—26 (1955); III. Quarterly of Microscopical Science, Vol. 96, 4, 423—447 (1955).

Auch die *Kontrastwirkung* ist vom Unterschied der Brechungswerte von Objekt und Einstellungsmedium abhängig. Ist der Unterschied zu gering, wird der Kontrast merklich nachlassen. Hierfür stellen einige Firmen Objektive mit Phasenringen verstärkter Absorption her, die die Kontrastwirkung verstärken. Hilft die Anwendung dieser Objektive nicht, muß mit den Einbettungsmitteln variiert werden. Sind Phasenkontrasteinrichtungen mehrerer Firmen vorhanden, ist es günstig, seine Präparate unter den verschiedenen Einrichtungen zu untersuchen und die für das Objekt geeignete herauszusuchen. Die einzelnen Einrichtungen zeigen geringe Abweichungen in den Absorptionsverhältnissen ihrer Phasenringe. Außerdem zeigen einige Einrichtungen bessere Ergebnisse bei dicken, andere wiederum bei dünnen Objekten.

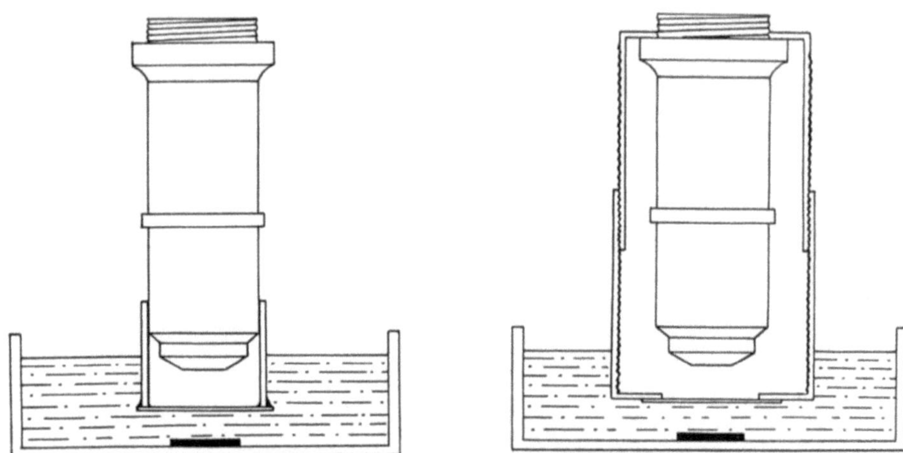

Abb. 75. Hülsen und Gewindetauchkappen, wie sie leicht in eigener Werkstatt hergestellt werden können. Beide sind am unteren Ende mit einem Deckglas verschlossen (Abdichtung durch Vaseline). Nach Gebrauch läßt sich das Deckglas leicht durch ein sauberes ersetzen

Ein sehr wichtiger Punkt bei der Beobachtung von Lebend-Objekten ist ihre *Temperierung.* Einige Objektarten sind temperaturunempfindlich, andere wiederum benötigen für ihre Entwicklung eine sehr konstante Temperatur. Solche Objekte wird man in Brutkammern halten. Um für die Untersuchung dieser Objekte nicht mit dem ganzen Mikroskop in den Brutraum gehen zu müssen, bedient man sich in der Praxis heizbarer Objekttische oder aber Heizkästen, in die die Mikroskope gestellt werden. Diese Einrichtungen sind von den optischen Firmen zu beziehen. Man achte nur darauf, daß man Heizeinrichtungen wählt, die eine möglichst hohe Temperaturkonstanz aufweisen. Es gibt Objekte, so z. B. einige Bakterienarten, die gegenüber den kleinsten Temperaturschwankungen sehr empfindlich sind und bereits auf Differenzen von 1° reagieren. Für diese Objekte reicht die Temperaturkonstanz der meisten Heiztische nicht mehr aus. Man ist auf gut regulierbare Heizkästen angewiesen.

Selbstverständlich ist bei Lebend-Objekten auch die Kontrolle der *Wärmeausstrahlung des Lichtes erforderlich.* So sollte man die Temperatur in der Objektebene stets mit Thermoelementen ausmessen (gewöhnliche Thermometer sind nicht verläßlich genug) und vor die Lampe entsprechende Wärmeschutzfilter setzen. In den meisten Fällen werden Filter aus wärmeabsorbierendem Glas ausreichen. Bei hoher Wärmeausstrahlung, z. B. bei Verwendung lichtstarker Bogenlampen, empfiehlt sich die Verwendung von Küvetten mit Kupfersulfatlösung oder gar Durchflußküvetten.

Für Aufnahmen von *Objekten in Flüssigkeiten* sollte man seine Objektive mit Eintauchkappen versehen, um Vibrationserscheinungen sowie Reflektionen der Flüssigkeitsoberfläche auszuschalten. Zu einigen Objektiven werden derartige Tauchkappen serienmäßig hergestellt, so z. B. zu den Ultropak-Objektiven. Will man aber mit anderen Objektiven arbeiten, ist es eine Kleinigkeit, sich derartige

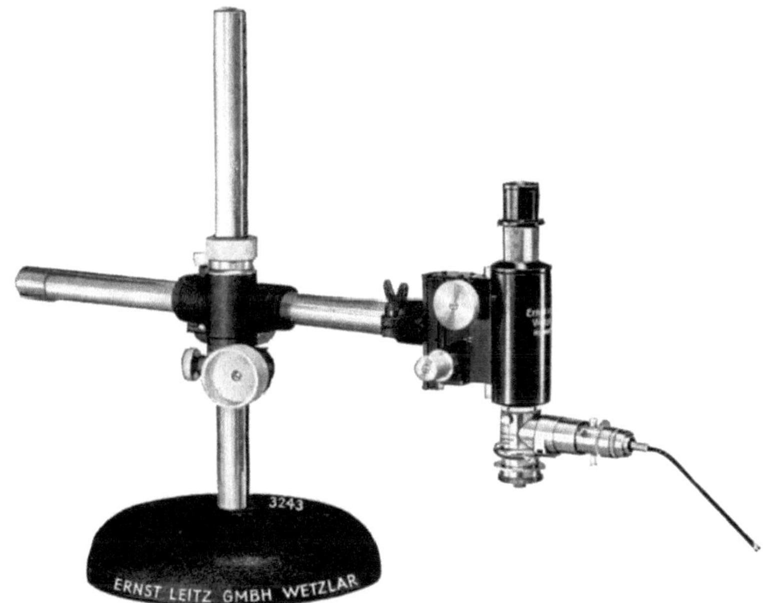

Abb. 76. Mit diesem Auflichtmikroskop sind auch Mikroaufnahmen an schwer zugänglichen Operationsfeldern möglich (Säulenstativ US II mit Ultropak-Mikroskop von Leitz),

Tauchkappen selbst herzustellen. Die nebenstehende Abbildung zeigt zwei Arten von Tauchkappen, die leicht in eigener Werkstatt herzustellen sind und sich in der Praxis gut bewährt haben.

Für *Auflichtaufnahmen an lebenden Organen*, z. B. Gefäßaufnahmen, eignet sich ganz vorzüglich die bereits erwähnte Auflichteinrichtung Ultropak von Leitz. Mit Hilfe der in der Höhe verstellbaren Eintauchkappen kann man runde Organoberflächen durch leichte Berührung ohne das Objekt zu schädigen in eine Ebene bekommen und somit bis zum Bildfeldrand scharfe Abbildungen erhalten. Für derartige Arbeiten gibt es spezielle Säulenstative mit weiter Ausladung, die es ermöglichen, auch an entlegene Objektstellen heranzukommen.

Oft bereitet die *Ausleuchtung transparenter oder weißer Objekte* im Auflicht einige Schwierigkeiten. Bei der allseitig schrägen Beleuchtung wird das Licht innerhalb der Objekte so stark zerstreut, daß jede plastische Wirkung verlorengeht, so z. B. bei Aufnahmen von Embryonen, Insekteneiern und dergleichen. Hier kann man sich bei Verwendung der Auflichteinrichtung Ultropak helfen, indem man durch die bereits erwähnte Sektorenblende zwei sich gegenüberliegende Sektoren des beleuchtenden Lichtes ausschaltet. Vor die beiden freien Sektoröffnungen werden nun zwei verschiedenfarbige Filter gebracht. Die Wahl der Filter richtet sich nach der Farbempfindlichkeit des verwandten Negativmaterials. Bei Verwendung von

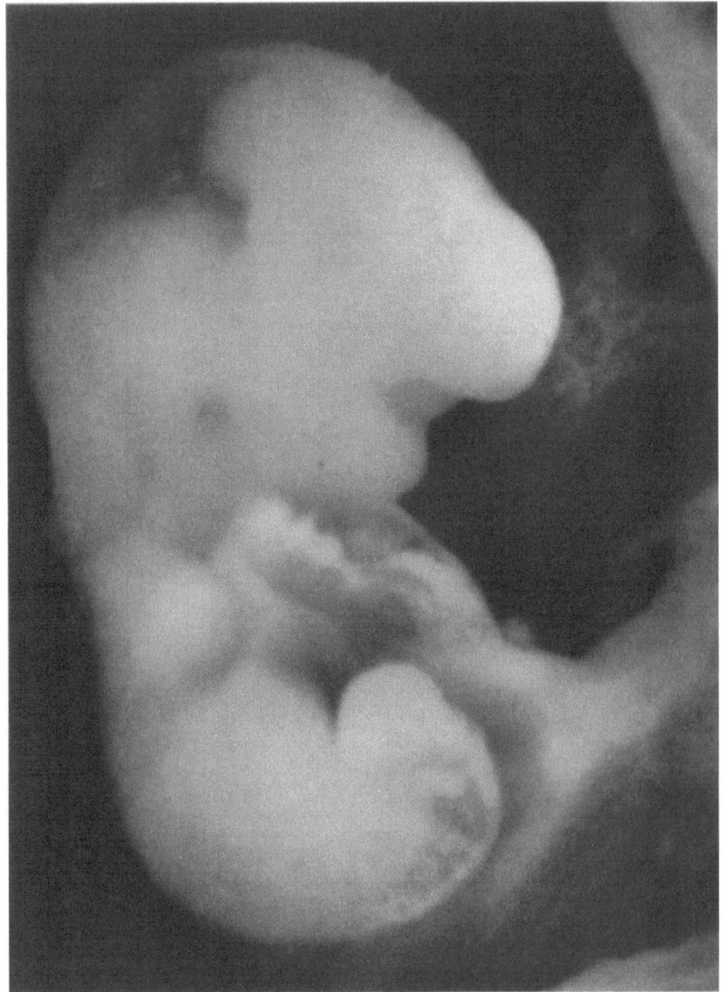

Abb. 77. Stark reflektierende oder lichtzerstreuende Objekte lassen sich am besten mit zweifarbiger Beleuchtung aufnehmen (Erläuterung im Text). (Etwa 12 Tage altes menschliches Embryo, Vergr. 45 ×)

panchromatischem Material (hochempfindlich für Rot, geringer empfindlich für Grün) wählt man für den einen Sektor ein Orangefilter, für den anderen ein Grünfilter. Somit wird das Objekt durch das Licht von zwei Seiten verschiedenartig gefärbt. Die orangegefärbte Seite wird durch die Rotempfindlichkeit der Emulsion auf der Abbildung heller erscheinen, als die grüngefärbte. Auf diese Weise erhält man vielfach sehr gute und plastisch wirkende Wiedergaben.

Will man den *Vergrößerungsmaßstab* seiner Aufnahmen auf das Genaueste ermitteln, empfiehlt sich die Ausmessung mit Hilfe eines Objektmikrometers. Zu diesem Zweck wird das Objekt durch ein handelsübliches Objektmikrometer ausgetauscht. Dieses Meßgerät besteht aus einem Objektträger, auf dem eine Strichplatte befestigt ist. Der Strichabstand beträgt im allgemeinen $^1/_{100}$ mm. Zur Ermittlung der Vergrößerung wird auf der Mattscheibe der Kamera der Abstand zweier Teilstriche mit dem Zentimetermaß ausgemessen. Der Abstand (a) wird in Millimetern gemessen.

Als Vergrößerung im Photogramm ergibt sich dann:

$$V = \frac{a}{1/100} = 100 \times a.$$

Ist der Abstand zwischen 2 Teilstrichen zu klein, wählt man jeweils 10 Teilstriche und ändert die Errechnungsformel in entsprechender Weise um:

$$V = \frac{a}{1/10} = 10 \times a.$$

Sollen *Längenmessungen* mit dem Mikroskop hergestellt werden, wird zusätzlich ein Okularmikrometer benötigt. Dieses ist ein Okular mit verstellbarer Augenlinse, in dessen Blendenebene eine Strichplatte (gewöhnlich 10 mm in 100 Teilstrichen) befestigt ist.

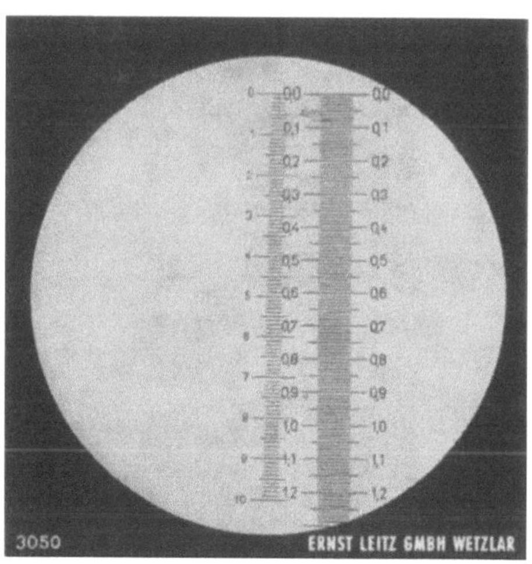

Abb. 78. Feststellen des Mikrometerwertes. Die Teilung in der Mitte des Sehfeldes (Gravierung 0—10) ist die feststehende Teilung des Okulars, die Teilung rechts daneben der sichtbare Teil des Objektmikrometers. 1,22 mm des Objektmikrometers entsprechen 100 Teilstrichen des Okularmikrometers. Somit ist der Mikrometerwert des betreffenden Objektivs 12,2 μ

Zunächst muß der Mikrometerwert des benutzten Objektivs festgestellt werden. Hierzu wird wiederum das Objektmikrometer benötigt, und zwar wird das Bild der Teilung des Objektmikrometers mit der des Okularmikrometers verglichen und die jeweiligen Werte dividiert. Werden z. B. 11 Teilstriche des Objektmikrometers auf 44 Teilstriche des Okularmikrometers gezählt, dann ist der Mikrometerwert:

$$\frac{11}{100} : 44 = \frac{0{,}11}{44} = 0{,}0025 = 2{,}5\,\mu.$$

Wenn der Mikrometerwert des jeweiligen Objektivs bekannt ist (er ist durchschnittlich auch in den Objektivtabellen der Firmen angeführt), ist die Längenmessung sehr einfach. Nun wird nur noch ausgemessen, über wieviel Teilstriche des Okularmikrometers sich das Objekt erstreckt. Das Ergebnis muß mit dem Mikrometerwert des jeweiligen Objektivs multipliziert werden. Erstreckt sich z. B. die zu messende Strecke über 50 Teilstriche im Okularmikrometer und wird ein Objektiv mit einem Mikrometerwert von 2,4 μ benutzt, dann ist die Größe der Strecke:

$$50 \times 2{,}4 = 120\,\mu \quad \text{oder} \quad 0{,}120\ \text{mm}.$$

Für die Praxis empfiehlt es sich, ein *Aufnahmeprotokoll* anzulegen. Es wird sich schnell als wichtiges Hilfsmittel erweisen. Viele Erfahrungen kann man aus einem derartigen Merkbuch sammeln und hat bei schwierigen Aufnahmen stets die Möglichkeit, sich über frühere Einstellungen ähnlicher Art zu orientieren. Gleichzeitig

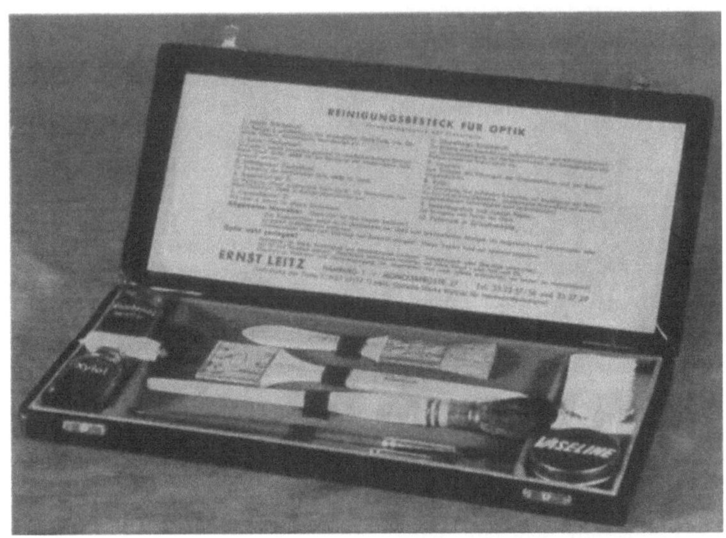

Abb. 79. Soll ein Mikroskop gut arbeiten, muß es auch gut gepflegt werden. Zu jeder Mikroskopausrüstung gehört ein Reinigungsbesteck mit allen erforderlichen Hilfsmitteln zur Sauberhaltung des Instrumentes

kann das Aufnahmeprotokoll zur Registrierung des Negativmaterials dienen. Je nach der Vielseitigkeit der Aufnahmen und Objekte kann man die Grundordnung dieses Protokolls unterschiedlich zusammenstellen. Folgende Angaben sollten aber stets berücksichtigt werden:

Objektart: Färbung oder Präparationsart:
Untersuchungsart:
Objektiv: Okular: Kameralänge:
Kondensor: Aperturblende:
Lichtquelle: Farbfilter:
Negativmaterial: Meßwert: Belichtung:
Entwicklung: Bemerkung:

Will man gute Aufnahmen erzielen, ist auch die *Instandhaltung und Pflege des Mikroskops* von großer Wichtigkeit. Der größte Feind aller optischen Geräte ist der Staub. Ebenso verträgt das Mikroskop keine Feuchtigkeit sowie keine Säuredämpfe. Man achte also beim Aufstellen der Instrumente auf die richtige Auswahl der Räumlichkeiten. Am vorteilhaftesten ist es, wenn Mikroskope in Räumen stehen, deren Temperatur nicht allzu sehr schwankt und um 20° C ist. Angrenzende chemische Laboratorien sowie staubentwickelnde Arbeitsräume sind möglichst zu meiden. Die Mikroskope sollten mit Schutzhauben oder Überzügen versehen werden.

In regelmäßigen Abständen ist das Mikroskop einer Generalreinigung zu unterziehen. Zu diesem Zweck gibt es Reinigungsbestecke, in denen alle erforderlichen Reinigungsgeräte enthalten sind. Hierbei beachte man, daß die Pinsel nur nach der beiliegenden Vorschrift verwendet werden. Es muß unbedingt vermieden werden, daß mit festen Pinseln, die für mechanische Teile bestimmt sind, Spiegel oder Optiken gereinigt werden. Das säurefreie Knochenöl ist zur Bildung einer hauchdünnen Schutzschicht auf den Mikroskopstativen oder zum Gängigmachen der Gleitbahnen des Beleuchtungsapparates, des Tisches oder dergleichen bestimmt. Mit Öl muß aber sehr sparsam umgegangen werden. Zu reichliche Mengen schaden dem Gerät, es trocknet ein und hemmt die Triebe.

Die Führungsschienen und Gleitbahnen der Stativkameras können mit einer dünnen Schicht Vaseline versehen werden. Dem Reinigungsbesteck beiliegende Lederläppchen sind ausschließlich zur Politur der Objektive bestimmt.

Man merke sich also ganz besonders: Mikroskop vor Staub und Feuchtigkeit

Abb. 80. Schutzhauben aus Plexiglas oder Kunststoff schützen das Mikroskop vor Staub und Verunreinigung

schützen, regelmäßig reinigen, aber mit Öl und Vaseline sparsam umgehen. Neue Mikroskope brauchen, wenn sie richtig geschützt werden, auf Jahre hinaus kein Öl oder Fett.

Überholungen größerer Art oder Reparaturen sollten nicht selbsttätig vorgenommen werden. Kleinere Reparaturen überlasse man einem guten Mechaniker. Es ist aber immer empfehlenswert in komplizierteren Fällen die Reparaturwerkstätte des Herstellerwerkes in Anspruch zu nehmen.

V. Anhang

Tabelle 5. *Fehlerquellen und ihre Beseitigung*

Fehler	Ursache	Beseitigung
Unscharfe Abbildung.	1. Falsche Tubuslänge	1. Tubusauszug auf die dem Objektiv entsprechende Länge bringen (160 oder 170 mm).
	2. Einstellokular der Kamera nicht auf Fadenkreuz scharfgestellt.	2. Korrektur der Okulareinstellung.
	3. Mikrometertrieb läßt nach.	3. Mikroskop zur Reparatur einsenden.
	4. Farbfilter erst nach der letzten Scharfeinstellung eingeschaltet (besonders bei Verwendung von Orangefiltern).	4. Erneute Scharfeinstellung mit Farbfilter.
Einseitig unscharfe Abbildung.	1. Objekt liegt nicht planparallel unter dem Mikroskop.	1. Objekt ausrichten.
Allseitige Randunschärfe.	1. Bildfeldwölbung durch falsche Okularwahl.	1. Dem Objektiv entsprechendes Okular wählen (schwache Objektive — Huygensokulare, starke Objektive — Kompensations- oder Periplanokulare).
	2. Bei Ausnutzung großer Bildfelder falsche Objektivwahl.	2. Bei Ausnutzung großer Bildfelder Planobjektive verwenden.
Abbildung von Staub- und Schmutzteilchen.	1. Verunreinigungen im Präparat.	2. Präparat sorgfältiger herstellen.
	2. Verunreinigung im Mikroskopokular. (Erkennbar durch Drehen des Okulars.)	2. Reinigung des Okulars mit staubfreiem Pinsel oder Lederläppchen.
	3. Verunreinigung im Kondensor. (Erkennbar durch Verstellen des Kondensors.)	3. Kondensor säubern.
	4. Verunreinigung auf dem Strahlenteilungsprisma. (Im Einstellokular nicht sichtbar!)	4. Prisma mit staubfreiem Pinsel sorgfältig reinigen.
	5. Verunreinigung des Farbfilters. (Sichtbar, wenn das Filter sich in der Nähe der Leuchtfeldblende befindet.)	5. Reinigung des Filters.
Kreisförmiger Bildausschnitt.	1. Kameraabstand zu gering. Bildfeld wird vom Okular abgekascht.	1. Kameraabstand verlängern.

Tabelle 5 *(Fortsetzung)*

Fehler	Ursache	Beseitigung
	2. Bei schwachen Vergrößerungen ist Frontlinse des Kondensors nicht ausgeklappt.	2. Frontlinse entfernen, Strahlengang neu zentrieren.
	3. Leuchtfeldblende geschlossen.	3. Leuchtfeldblende bis zum Sehfeldrand öffnen.
Einseitige Abkaschung des Bildfeldes.	1. Objektivrevolver nicht eingerastet.	1. Neue Einstellung und Justierung.
	2. Frontlinse des Kondensors nicht ganz eingeschaltet (bei ausklappbaren Frontlinsen).	2. Neue Einstellung und Justierung.
Ungleichmäßig ausgeleuchtetes Bildfeld.	1. Beleuchtung ist nicht ausreichend zentriert.	1. Strahlengang neu zentrieren.
	2. Leuchtwendel werden mit abgebildet (streifige Beleuchtung).	2. Mattscheibe zwischen Lichtquelle und Kollektor schalten.
Bildausschnitt in Einstellokular und Kamera verschieden.	1. Strahlenteilungsprisma verkantet (nach Stoß oder Fall).	1. Strahlenteilungsprisma zur Reparatur einsenden.
Lichteinfall.	1. Lichtabschlußmanschetten sind nicht genügend geschlossen.	1. Überprüfung der Lichtabschlußmanschetten.
	2. Bei langen Belichtungen in hellen Räumen Lichteinfall durch das Einstellokular.	2. Einstellokular bei langen Belichtungen mit einer Kappe versehen.
Doppelkonturige Bilder.	1. Es werden Schwingungen vom Verschluß der Kamera oder von außen her auf das Mikroskop übertragen.	1. Bei Aufsatzkameras Verschluß überprüfen. Er muß weich gehen. Lichtabschlußmanschetten auf Berührung überprüfen. Bei Raumschwingungen Mikroskop auf Schwingmetalle setzen.
Diffraktionssäume um die Objektstrukturen.	1. Aperturblende zu stark geschlossen.	1. Aperturblende neu einstellen.
	2. Kondensor in falscher Höhenstellung.	2. Strahlengang neu zentrieren.
Untergrund des Dunkelfeldbildes überstrahlt.	1. Objektivapertur zu hoch.	1. Objektivblende regulieren.
	2. Kondensor in falscher Höhenstellung.	2. Strahlengang neu zentrieren.
	3. Objektträger oder Deckglas des Präparates zu dick.	3. Objektträger (nicht über 1 mm) und Deckgläser (nicht über 0,17 mm) vorher ausmessen.
Phasenkontrastbild nicht kontrastreich genug.	1. Absorptionsverhältnis des Phasenringes zu schwach.	1. Objektiv mit stärker absorbierendem Phasenring verwenden. Brechungsindex des Einbettungsmediums ändern.
Phasenbild mit Schräglichteffekt.	1. Zentrierung der Lichtquelle ungenügend.	1. Strahlengang muß neuzentriert werden.
	2. Es wird mit Hohlobjektträgern gearbeitet.	2. Neue Präparationsart m. planparallelen Kammern versuchen.

Tabelle 5 *(Fortsetzung)*

Fehler	Ursache	Beseitigung
Beugungssäume um die Objektstrukturen zu stark.	1. Objekt oder Präparat zu dick.	1. Neue Präparationsart.
	2. Verhältnis der Brechungswerte von Objekt und Einbettungsmittel ungünstig.	2. Erprobung neuer Einbettungsmittel.
Unschärfen, Verzeichnungen und Reflexion bei Aufnahmen von Flüssigkeitspräparaten.	1. Vibration der Flüssigkeitsoberfläche.	1. Zu Aufnahmen von Flüssigkeitspräparaten verwende man Eintauchkappen vor den Objektiven.

Tabelle 6. *Wirkungsweise der Farbfilter*

Filter	Wirkungsweise	Anwendung
Gelbfilter	Dämpft Blau, wenig Einfluß auf die anderen Farben.	Dieses Filter wird fast nur in Verbindung mit einem Blaufilter als „Trichrom"-Filter benutzt (dann gleiche Wirkungsweise wie Grünfilter).
Gelb-Grünfilter	Dämpft Blau, dämpft Rot gering.	Standardfilter bei Verwendung achromatischer Objektive zur Korrektur der chromatischen Abweichung. Zur besseren Differenzierung von Rot bei panchromatischem Material. Im Phasenkontrast geeignet bei Verwendung von panchromatischem Material mit starker Grünlücke.
Grünfilter	Dämpft Blau und Rot stärker als die vorigen Filter.	Zur stärkeren Differenzierung von Blau bei Verwendung orthochromatischen Materials. Standardfilter für Phasenkontrast (um $546\,\mu$), aber nicht geeignet für Material mit starker Grünlücke.
Orangefilter	Dämpft Blau stark.	Zur Differenzierung von Blau bei panchromatischem Material. Sehr reichhaltige Differenzierung gefärbter Präparate, gelegentlich auch von Phasenkontrastobjekten in Verbindung mit einem Gelb-Grünfilter.
Blaufilter	Dämpft Grün, Gelb und Rot.	Zur Steigerung des Auflösungsvermögens bei Verwendung von Apochromaten. Alle blaugefärbten Strukturen kommen zu hell. Erregerfilter für Blaulichtfluorescenz (BG 12).
Graufilter	Neutralfilter ohne Einfluß auf die Objektfärbung.	Graufilter werden zur Dämpfung des Lichtes bei Verwendung starker Lichtquellen benutzt. Es gibt Graufilter mit genormten Absorptionsfaktoren (1/2, 1/4, 1/8, 1/16) zur genormten Regulierung des Lichtes bei Wechsel der Belichtungszeit oder des Aufnahmematerials.

VI. Sachverzeichnis